安全生产新做法与新经验丛书

企业开展安全生产标准化建设新做法与新经验

“安全生产新做法与新经验丛书”编委会　编

中国劳动社会保障出版社

图书在版编目(CIP)数据

企业开展安全生产标准化建设新做法与新经验/“安全生产新做法与新经验丛书”编委会编. —北京：中国劳动社会保障出版社，2012

(安全生产新做法与新经验丛书)

ISBN 978-7-5045-9998-8

Ⅰ. ①企… Ⅱ. ①安… Ⅲ. ①企业管理-安全生产-标准化-中国 Ⅳ. ①X931-65

中国版本图书馆 CIP 数据核字(2012)第 249027 号

中国劳动社会保障出版社出版发行

(北京市惠新东街 1 号 邮政编码：100029)

出 版 人：张梦欣

*

北京市艺辉印刷有限公司印刷装订 新华书店经销

880 毫米×1230 毫米 32 开本 8.625 印张 211 千字

2012 年 10 月第 1 版 2012 年 10 月第 1 次印刷

定价：22.00 元

读者服务部电话：010-64929211/64921644/84643933

发行部电话：010-64961894

出版社网址：http://www.class.com.cn

编　委　会

主　　编： 郑希文

副 主 编： 张力娜

编写人员： 张力娜　张立军　张　平　张　滇　张开文
张金保　王建平　李　康　赵钰波　赵霁春
刘丽华　袁　晖　袁东旭　袁济东　曹　军
曹永坤　舒江华　闫　炜　陈国恩　高海燕
林　文　谭　英　乔文传　吴志娟　杨晓淞
杨　敏　司建中　李金国　孙　群　尹之山
徐晋青　丁　盛　秦　芳　于晓薇　郑　煜
郑文芸　曾启勇　侯静霞　冯寿亭　冯荣兰

内容提要

《国务院关于进一步加强企业安全生产工作的通知》（国发［2010］23号）要求，深入开展以岗位达标、专业达标和企业达标为内容的安全生产标准化建设，凡在规定时间内未实现达标的企业要依法暂扣其生产许可证、安全生产许可证，责令停产整顿；对整改逾期未达标的，地方政府要依法予以关闭。按照国务院文件要求，国家安全生产监督管理总局先后下发《企业安全生产标准化基本规范》《危险化学品从业单位安全标准化通用规范》等一系列文件，积极推动企业安全生产标准化建设，并把企业安全生产标准化建设作为一项重要工作，进行整体部署和推进。

对于企业来讲，开展安全生产标准化建设工作需要了解有关知识，特别是需要了解政策、法规的相关规定，了解标准内容和评级内容，还需要了解其他企业的做法与经验，从而避免在黑暗中摸索，避免走弯路，顺利开展工作。本书就是以此为着眼点，针对企业的需要，比较全面系统地介绍相关政策法规的规定、相关标准和评级内容、企业的具体做法与经验，以及探讨相关问题。此外，本书还对不同企业的做法与经验进行了评述，即对相关做法与经验的适用范围、内在价值、未来改进之处等进行分析，以利于其他企业能够更好地参考借鉴。本书是一本实用性很强、具有很好参考价值的指导性图书。

前　言

近几年，在科学发展观思想指导下，党和国家采取了一系列重大措施加强安全生产工作。这些重大政策干预措施对促进安全生产形势稳定好转发挥了重要作用，并且表现出强劲和持久的后续推动力。在连续多年工伤事故死亡人数持续下降后，国家政策干预并没有出现减弱趋势，反而更为增强，安全生产法律法规体系、安全生产政策体系逐步完善，政府安全生产监管工作更为加强。

对于许多企业来讲，在安全生产管理工作中都取得了一定的成绩，同时也遇到许多新情况、新问题，亟待有新的方式方法予以解决。例如，一些企业随着青年工人的大量增加，人员流动性很大，安全生产的严格管理与人员的自由流动形成突出矛盾；再如，一些企业安全生产管理方式日益固定化，缺乏应有的变化和新鲜感，造成人员安全意识的麻木与淡薄，也造成管理者与被管理者矛盾冲突增多，致使安全管理走下坡路。企业安全生产管理工作的实质，是职工广泛参与的自我教育、自我改进的活动，离开了广大职工的积极参与，安全生产管理工作就很难取得实质性的效果。因此，在企业安全生产管理上，需要不断地根据新情况、新问题，学习借鉴其他企业的实用做法、新鲜经验，采取有针对性的措施，从而缓和管理者与被管理者之间的矛盾，不断提高职工对安全生产的认识，促进本企业安全管理水平的提高。

这套丛书，在对大量不同类型企业调研的基础上，从企业的实际情况和实际需要出发，确定相应的选题和内容，主要的读者对象是企业安全生产管理人员和班组职工。

本套丛书共有10本：

1.《企业开展安全生产标准化建设新做法与新经验》

2.《企业推进安全文化建设新做法与新经验》

3.《企业强化班组安全建设新做法与新经验》

4.《企业落实职业危害防治责任新做法与新经验》

5.《企业加强安全生产管理工作新做法与新经验》

6.《企业应急救援与应急处置管理新做法与新经验》

7.《企业开展事故隐患排查工作新做法与新经验》

8.《企业开展宣传教育工作新做法与新经验》

9.《企业生产班组自主安全管理新做法与新经验》

10.《企业培养遵章守纪优秀员工新做法与新经验》

每本书都分为三个部分，即相关政策法规要点、企业做法与经验、相关问题解答与探讨。在相关政策法规要点中，对相关政策法规的要点进行提示；在企业做法与经验中，对企业做法与经验进行评述，即对相关做法与经验的适用范围、内在价值、未来改进之处等进行分析，以利于其他企业能够更好地参考借鉴。

本套丛书主要围绕近几年来国家新近颁布实施的安全生产方面的相关法律法规、国家安全生产监督管理总局制定并实施的相关部门规章、企业安全管理人员和班组职工的迫切需要，系统全面地介绍先进企业的新做法、新经验，为企业及班组提供可以参考借鉴的知识，供不同企业直接运用，以利推进实际工作。

编　者

2012年10月

目　录

一、企业开展安全生产标准化建设相关政策法规要点

企业安全生产标准化（又称企业安全质量标准化）是指企业通过建立安全生产责任制，制定安全管理制度和操作规程，排查治理隐患和监控重大危险源，建立预防机制，规范生产行为，使各生产环节符合有关安全生产法律法规和标准规范的要求，人、机、物、环处于良好的生产状态，并持续改进，不断加强企业安全生产规范化建设。

2004 年国务院印发《关于进一步加强安全生产工作的决定》（以下简称《决定》）（国发［2004］2 号），在《决定》中，明确要求制定和颁布重点行业、领域安全生产技术规范和安全生产质量工作标准，在全国所有工矿、商贸、交通运输、建筑施工等企业普遍开展安全质量标准化活动。通过几年的安全生产标准化活动，促进了企业的安全生产工作，改善了企业的安全生产环境，企业的安全管理取得了显著的效果。对开展安全生产标准化活动，国务院以及国家安全生产监督管理总局（以下简称“国家安监总局”）先后多次下发文件，在这里介绍主要相关文件的要点。

1.《国务院关于进一步加强企业安全生产工作的通知》相关要点

国务院于 2010 年 7 月 19 日，印发《关于进一步加强企业安全生产工作的通知》（国发［2010］23 号，以下简称《通知》）。《通知》分为九个部分：一是总体要求；二是严格企业安全管理；三是建设坚实的技术保障体系；四是实施更加有力的监督管理；五是建设更加高效的应急救援体系；六是严格行业安全准入；七是加强政策引导；八是更加注重经济发展方式转变；九是实行更加严格的考核和责任追究。

在《通知》的第二个部分“严格企业安全管理”中，对企业的

安全管理提出以下要求：

（1）进一步规范企业生产经营行为

企业要健全完善严格的安全生产规章制度，坚持不安全不生产。加强对生产现场监督检查，严格查处违章指挥、违规作业、违反劳动纪律的“三违”行为。凡超能力、超强度、超定员组织生产的，要责令停产停工整顿，并对企业和企业主要负责人依法给予规定上限的经济处罚。对以整合、技改名义违规组织生产，以及在规定期限内未实施改造或故意拖延工期的矿井，由地方政府依法予以关闭。要加强对境外中资企业安全生产工作的指导和管理，严格落实境内投资主体和派出企业的安全生产监督责任。

（2）及时排查治理安全隐患

企业要经常开展安全隐患排查，并切实做到整改措施、责任、资金、时限和预案“五到位”。建立以安全生产专业人员为主导的隐患整改效果评价制度，确保整改到位。对隐患整改不力造成事故的，要依法追究企业和企业相关负责人的责任。对停产整改逾期未完成的不得复产。

（3）强化生产过程管理的领导责任

企业主要负责人和领导班子成员要轮流现场带班。煤矿、非煤矿山要有矿领导带班并与工人同时下井、同时升井，对无企业负责人带班下井或该带班而未带班的，对有关责任人按擅离职守处理，同时给予规定上限的经济处罚。发生事故而没有领导现场带班的，对企业给予规定上限的经济处罚，并依法从重追究企业主要负责人的责任。

（4）强化职工安全培训

企业主要负责人和安全生产管理人员、特种作业人员一律要接受严格考核，按国家有关规定持职业资格证书上岗；职工必须全部经过培训合格后上岗。企业用工要严格依照《中华人民共和国劳动合同法》与职工签订劳动合同。凡存在不经培训上岗、无证上岗的企业，依法停产整顿。没有对井下作业人员进行安全培训教育，或存在特种作业人员无证上岗的企业，情节严重的要依法予以关闭。

(5) 全面开展安全达标

深入开展以岗位达标、专业达标和企业达标为内容的安全生产标准化建设，凡在规定时间内未实现达标的企业要依法暂扣其生产许可证、安全生产许可证，责令停产整顿；对整改逾期未达标的，地方政府要依法予以关闭。

2.《国务院安委会关于深入开展企业安全生产标准化建设的指导意见》相关要点

2011年5月3日，国务院安全生产委员会印发《关于深入开展企业安全生产标准化建设的指导意见》（安委〔2011〕4号，以下简称《指导意见》）。《指导意见》指出：为深入贯彻落实《国务院关于进一步加强企业安全生产工作的通知》（国发〔2010〕23号，以下简称《国务院通知》）和《国务院办公厅关于继续深化“安全生产年”活动的通知》（国办发〔2011〕11号，以下简称《国办通知》）精神，全面推进企业安全生产标准化建设，进一步规范企业安全生产行为，改善安全生产条件，强化安全基础管理，有效防范和坚决遏制重、特大事故发生，经报国务院领导同志同意，就深入开展企业安全生产标准化建设提出指导意见。

《指导意见》的主要内容如下：

(1) 充分认识深入开展企业安全生产标准化建设的重要意义

● 落实企业安全生产主体责任的必要途径。国家有关安全生产法律法规和规定明确要求，要严格企业安全管理，全面开展安全达标。企业是安全生产的责任主体，也是安全生产标准化建设的主体，要通过加强企业每个岗位和环节的安全生产标准化建设，不断提高安全管理水平，促进企业安全生产主体责任落实到位。

● 强化企业安全生产基础工作的长效制度。安全生产标准化建设涵盖了增强人员安全素质、提高装备设施水平、改善作业环境、强化岗位责任落实等各个方面，是一项长期的、基础性的系统工程，有利于全面促进企业提高安全生产保障水平。

● 政府实施安全生产分类指导、分级监管的重要依据。实施安全生产标准化建设考评，将企业划分为不同等级，能够客观真实地反映出各地区企业安全生产状况和不同安全生产水平的企业数量，为加强安全监管提供有效的基础数据。

● 有效防范事故发生的重要手段。深入开展安全生产标准化建设，能够进一步规范从业人员的安全行为，提高机械化和信息化水平，促进现场各类隐患的排查治理，推进安全生产长效机制建设，有效防范和坚决遏制事故发生，促进全国安全生产状况持续稳定好转。

各地区、各有关部门和企业要把深入开展企业安全生产标准化建设的思想行动统一到《国务院通知》的规定要求上来，充分认识深入开展安全生产标准化建设对加强安全生产工作的重要意义，切实增强推动企业安全生产标准化建设的自觉性和主动性，确保取得实效。

(2) 总体要求和目标任务

● 总体要求。深入贯彻落实科学发展观，坚持“安全第一、预防为主、综合治理”的方针，牢固树立以人为本、安全发展理念，全面落实《国务院通知》和《国办通知》精神，按照《企业安全生产标准化基本规范》（AQ/T 9006—2010，以下简称《基本规范》）和相关规定，制定完善安全生产标准和制度规范。严格落实企业安全生产责任制，加强安全科学管理，实现企业安全管理的规范化。加强安全教育培训，强化安全意识、技术操作和防范技能，杜绝“三违”现象。加大安全投入，提高专业技术装备水平，深化隐患排查治理，改进现场作业条件。通过安全生产标准化建设，实现岗位达标、专业达标和企业达标，各行业（领域）企业的安全生产水平明显提高，安全管理和事故防范能力明显增强。

● 目标任务。在工矿商贸和交通运输行业（领域）深入开展安全生产标准化建设，重点突出煤矿、非煤矿山、交通运输、建筑施工、危险化学品、烟花爆竹、民用爆炸物品、冶金等行业（领域）。其中，煤矿要在2011年年底前，危险化学品、烟花爆竹企业要在2012年年底前，非煤矿山和冶金、机械等工贸行业（领域）规模以上企业要在2013年年底前，冶金、机械等工贸行业（领域）规模以下企业要在2015年年底前实现达标。要建立健全各行业（领域）企业安全生产标准化评定标准和考评体系；进一步加强企业安全生产规范化管理，推进全员、全方位、全过程安全管理；加强安全生产科技装备，提高安全保障能力；严格把关，分行业（领域）开展达标考评验收；不断完善工作机制，将安全生产标准化建设纳入企业生产经营全过程，促进安全生产标准化建设的动态化、规范化和制度化，有效提高企业本质安全水平。

（3）实施方法

● 打基础，建章立制。按照《基本规范》要求，将企业安全生产标准化等级规范为一、二、三级。各地区、各有关部门要分行业（领域）制定安全生产标准化建设实施方案，完善达标标准和考评办法。企业要从组织机构、安全投入、规章制度、教育培训、装备设施、现场管理、隐患排查治理、重大危险源监控、职业健康、应急管理以及事故报告、绩效评定等方面，严格对应评定标准要求，建立完善安全生产标准化建设实施方案。

● 重建设，严加整改。企业要对照规定要求，深入开展自检自查，建立企业达标建设基础档案，加强动态管理，分类指导，严抓整改。对评为安全生产标准化一级的企业要重点抓巩固、二级企业着力抓提升、三级企业督促抓改进，对不达标的企业要限期抓整顿。各地区和有关部门要加强对安全生产标准化建设工作的指导和督促检查，对问题集中、整改难度大的企业，要组织专业技术人员进行“会诊”，提出具体办法和措施，集中力量，重点解决；要督促企业做到隐患排查治理的措施、责任、资金、时限和预案“五到位”，对存在重大隐患的企业，要责令停产整顿，并跟踪督办。对发生较大以上生产安全事故、存在非法违法生产经营建设行为、重大隐患限期整顿仍达不到安全要求，以及未按规定要求开展安全生产标准化建设且在规定限期内未及时整改的，取消其安全生产标准化达标参评资格。

● 抓达标，严格考评。各地区、各有关部门要加强对企业安全生产标准化建设的督促检查，严格组织开展达标考评。对安全生产标准化一级企业的评审、公告、授牌等有关事项，由国家有关部门或授权单位组织实施；二级、三级企业的评审、公告、授牌等具体办法，由省级有关部门制定。各地区、各有关部门在企业安全生产标准化创建中不得收取费用。要严格达标等级考评，明确企业的专业达标最低等级为企业达标等级，有一个专业不达标则该企业不达标。

各地区、各有关部门要结合本地区、本行业（领域）企业的实际情况，对安全生产标准化建设工作作出具体安排，积极推进，成熟一批、考评一批、公告一批、授牌一批。对在规定时间内经整改仍不具备最低安全生产标准化等级的企业，地方政府要依法责令其停产整改直至依法关闭。各地区、各有关部门要将考评结果汇总后报送国务院安委会办公室备案，国务院安委会办公室将适时组织抽检。

(4) 工作要求

● 加强领导，落实责任。按照属地管理和“谁主管、谁负责”的原则，企业安全生产标准化建设工作由地方各级人民政府统一领导，明确相关部门负责组织实施。国家有关部门负责指导和推动本行业（领域）企业安全生产标准化建设，制定实施方案和达标细则。企业是安全生产标准化建设工作的责任主体，要坚持高标准、严要求，全面落实安全生产法律法规和标准规范，加大投入，规范管理，加快实现企业高标准达标。

● 分类指导，重点推进。对于尚未制定企业安全生产标准化评定标准和考评办法的行业（领域），要抓紧制定；已经制定的，要按照《基本规范》和相关规定进行修改完善，规范已达标企业的等级认定。要针对不同行业（领域）的特点，加强工作指导，把影响安全生产的重大隐患排查治理、重大危险源监控、安全生产系统改造、产业技术升级、应急能力提升、消防安全保障等作为重点，在达标建设过程中切实做到“六个结合”，即与深入开展执法行动相结合，依法严厉打击各类非法违法生产经营建设行为；与安全专项整治相结合，深化重点行业（领域）隐患排查治理；与推进落实企业安全生产主体责任相结合，强化安全生产基层和基础建设；与促进提高安全生产保障能力相结合，着力提高先进安全技术装备和物联网技术应用等信息化水平；与加强职业安全健康工作相结合，改善从业人员的作业环境和条件；与完善安全生产应急救援体系相结合，加快救援基地和相关专业队伍标准化建设，切实提高实战救援能力。

● 严抓整改，规范管理。严格安全生产行政许可制度，促进隐患整改。对达标的企业，要深入分析二级与一级、三级与二级之间的差距，找准薄弱点，完善工作措施，推进达标升级；对未达标的企业，要盯住抓紧，督促加强整改，限期达标。通过安全生产标准化建设，实现“四个一批”：对在规定期限内仍达不到最低标准、不具备安全生产条件、不符合国家产业政策、破坏环境、浪费资源，以及发生各类非法违法生产经营建设行为的企业，要依法关闭取缔一批；对在规定时间内未实现达标的，要依法暂扣其生产许可证、安全生产许可证，责令停产整顿一批；对具备基本达标条件，但安全技术装备相对落后的，要促进达标升级，改造提升一批；对在本行业（领域）具有示范带动作用的企业，要加大支持力度，巩固发展一批。

● 创新机制，注重实效。各地区、各有关部门要加强协调联动，建立推进安全生产标准化建设工作机制，及时发现解决建设过程中出现的突出矛盾和问题，对重大问题要组织相关部门开展联合执法，切实把安全生产标准化建设工作作为促进落实和完善安全生产法规规章、推广应用先进技术装备、强化先进安全理念、提高企业安全管理水平的重要途径，作为落实安全生产企业主体责任、部门监管责任、属地管理责任的重要手段，作为调整产业结构、加快转变经济发展方式的重要方式，扎实推进。要把安全生产标准化建设纳入安全生产“十二五”规划及有关行业（领域）发展规划。要积极研究并采取相关激励政策措施，将达标结果向银行、证券、保险、担保等主管部门通报，作为企业绩效考核、信用评级、投融资和评先推优等的重要参考依据，促进提高达标建设的质量和水平。

● 严格监督，加强宣传。各地区、各有关部门要分行业（领域）、分阶段组织实施，加强对安全生产标准化建设工作的督促检查，严格对有关评审和咨询单位进行规范管理。要深入基层、企业，加强对重点地区和重点企业的专题服务指导。加强安全专题教育，提高企业安全管理人员和从业人员的技能素质。充分利用各类舆论媒体，积极宣传安全生产标准化建设的重要意义和具体标准要求，营造安全生产标准化建设的浓厚社会氛围。国务院安委会办公室以及各地区、各有关部门要建立公告制度，定期发布安全生产标准化建设进展情况和达标企业、关闭取缔企业名单；及时总结推广有关地区、有关部门和企业的经验做法，培育典型，示范引导，推进安全生产标准化建设工作广泛深入、扎实有效开展。

3.《国务院安委会办公室关于深入开展全国冶金等工贸企业安全生产标准化建设的实施意见》相关要点

国务院安全生产委员会办公室于2011年5月13日，印发《关于深入开展全国冶金等工贸企业安全生产标准化建设的实施意见》（安委办［2011］18号，以下简称《实施意见》）。《实施意见》指出：为深入贯彻落实《国务院关于进一步加强企业安全生产工作的通知》（国发［2010］23号）和《国务院办公厅关于继续深化“安全生产年”活动的通知》（国办发［2011］11号）精神，按照《国务院安委会关于深入开展企业安全生产标准化建设的指导意见》（安委〔2011〕4号）的总体要求，结合冶金、有色、建材、机械、轻工、纺织、烟草、商贸等工贸行业企业（以下简称工贸企业）的特点，全面推进工贸企业安全生产标准化建设工作，提出实施意见。

《实施意见》分为三个部分，各部分内容如下：

第一部分：指导思想、工作原则和工作目标

（1）指导思想

以科学发展观为统领，坚持"安全第一、预防为主、综合治理"的方针，牢固树立以人为本、安全发展的理念，全面落实国发〔2010〕23号和国办发〔2011〕11号文件精神，以落实企业安全生产主体责任为主线，以创新安全监管体制机制为着力点，以《企业安全生产标准化基本规范》（AQ/T 9006—2010）为依据，通过企业安全生产标准化建设，全面夯实安全生产工作基础，提高企业防范事故能力，提升安全生产监管水平，为推动企业转型升级，加快转变经济发展方式提供安全保障。

（2）工作原则

● 统筹规划，分步实施。认真制定工作方案，合理确定阶段目标，分阶段分步骤实施。2011年重点抓好政策法规和评定标准的制定、考评体系的建立及典型示范的创建等基础工作；2012年全面开展安全生产标准化建设工作，成熟一批、评审一批、公告一批，确保2015年年底前所有工贸企业实现安全达标。

● 突出重点，分类指导。抓住重点地区、重点行业和重点企业，加大工作力度，力争取得突破；区别不同行业、不同企业，采取有效措施，创新达标途径，实现共同达标。

● 典型引路，全面推进。创建示范地区，树立典型企业，发挥榜样作用，创新体制机制；加强经验交流，以点带面，推动各地区、各行业企业全面达标。

● 法律约束，政策引导。加强相关立法工作，以法律手段督促达标；完善考核制度，落实工作责任，以行政手段推进达标；建立有效激励机制，激发企业自觉性，以经济手段引导达标。

● 企业为主，政府推动。立足企业创建为主，注重企业安全生产标准化建设过程；加强政府推动和政策引导，调动各级人员、各方面的积极性，共同推进安全达标工作。

(3) 工作目标

● 全面实现安全达标。工贸企业全面开展安全生产标准化建设工作，实现企业安全管理标准化、作业现场标准化和操作过程标准化。2013年年底前，规模以上工贸企业实现安全达标；2015年年底前，所有工贸企业实现安全达标。

● 安全状况明显改善。一般事故隐患能够及时排查治理，重大事故隐患得到整治或监控，职工安全意识和操作技能得到提高，“三违”现象得到有效禁止，企业本质安全水平明显提高，防范事故能力明显加强。

● 各类事故明显下降。较大以上事故明显下降，各类伤亡事故不断下降，2015年工贸企业事故总死亡人数比2010年下降12.5%以上，为全国安全生产形势根本好转创造条件、奠定基础。

第二部分：明确安全生产标准化建设的主要途径

(1) 制定工作方案

地方各级安全监管部门要摸清本地区工贸企业的基本情况，包括企业数量、规模、种类、从业人员、生产工艺和安全管理等内容，并根据《实施意见》，制定本地区规模以上企业三年达标、所有企业五年达标的工作方案，明确工作进度安排和保障措施。

(2) 建立和完善评定标准体系

● 按照“既与国际先进标准接轨，又符合国情”的原则，充分发挥有关科研机构、行业协会和大型企业的技术优势，完善危险性较大和重点行业的企业安全生产标准化评定标准。在已发布轧钢、冶金焦化、烧结球团、铁合金、氧化铝、电解铝、水泥企业安全生产标准化评定标准的基础上，2011年年底前抓紧完成炼铁、炼钢、冶金煤气、有色重金属冶炼、有色金属延压加工、平板玻璃、建筑卫生陶瓷、机械制造、造纸、家具、白酒、啤酒、乳制品、食品、纺织、烟草、商业、现代物流商贸等评定标准的制（修）订工作。随着安全生产标准化建设的不断深入，进一步制定、细化、完善和提高各行业的评定标准。

● 为保证评定标准的统一性和评定结果的可对比性，对于国家安监总局已制定的评定标准，各地要严格执行；对于国家安监总局尚未制定评定标准的行业（领域），原则上按照《企业安全生产标准化基本规范评分细则》，并参照有关评定标准，进行二级、三级安全生产标准化企业的评定。

(3) 建立和健全考评体系

● 制定考评办法。国家安监总局组织制定和发布《全国冶金等工贸企业安全生产标准化考评办法》，对考评过程实行统一、规范化管理。工贸企业安全生产标准化考评程序主要包括：企业自评和申请、评审组织单位对申请进行初步审查、评审单位进行现场评审并形成评审报告、安全监管部门进行审核和公告、安全监管部门或其确定的评审组织单位颁发证书和牌匾。各地安全监管部门可制定该考评办法的实施细则；对规模以下企业的考评工作，要创新方式方法，简化程序和内容，提高工作效率。

● 确定评审单位。一级安全生产标准化企业的评审组织单位和评审单位由国家安监总局确定。二级、三级安全生产标准化企业的评审组织单位和评审单位由省级安监局综合考虑本地企业类型、数量和分布情况，以及评审单位应具备的基本条件和技术力量等因素确定，并报国家安监总局备案。各级安全监管部门要发挥安全评价机构的作用，原则上具备工贸企业安全评价资质的评价机构经省级安全监管局认可后，可以参加相应企业的评审工作。各评审单位都应有一定数量经过安全生产标准化培训合格的评审人员。

● 加强考评管理。各级安全监管部门要总结经验，不断完善安全生产标准化考评工作程序，严格考评流程控制，加强对评审组织单位和评审单位的管理，规范考评工作，严把考评质量关。对于违反规定、弄虚作假的评审单位，要严肃处理；情节严重的，要取消评审资格。

(4) 加大培训工作力度

● 加强安全生产标准化有关法规、标准的宣贯培训，把安全生产标准化的宣贯培训工作列为各级安全监管部门、各企业教育培训工作的一项重点内容，以培训促进安全生产标准化建设工作。

● 要加强企业培训。各级安全监管部门要按照职责分工，分层次、分专业开展企业负责人、安全管理人员的培训，重点解决安全生产标准化建设的思想认识和关键问题。企业要开展各种形式的安全生产标准化培训，尤其是要加强基层职工培训，提高职工按照安全规程作业的意识和技能，促进岗位达标。

● 要加强安全监管人员的培训。国家安监总局负责组织省级安全监管人员的培训，省级安监局负责组织省级以下安全监管人员的培训，培训内容主要是安全生产标准化的内涵和意义、考评制度和程序等。

● 要加强评审人员的培训。国家安监总局负责组织培训师资和一级安全生产标准化企业评审人员的培训，省级安监局负责组织二级、三级安全生产标准化企业评审人员的培训。培训内容主要是评定标准和考评程序等。

(5) 树立典型示范

● 根据产业分布和经济特点，国家安监总局确定在广州市、沈阳市、宁波市和山东省诸城市等地开展工贸企业安全生产标准化建设示范城市试点。试点城市要大胆先行先试，进一步创新工作思路，创新达标模式，创新监管体制机制，建立一套切实可行的激励约束机制，为全国深入开展安全生产标准化建设工作积累经验，发挥示范引领作用。

● 国家安监总局在每个行业选择 2 至 4 家大型企业或行业领先企业作为典型企业，为同类企业有效开展安全生产标准化工作树立标杆和样板，为评定标准的制（修）订、加快与国际先进标准对接提供技术支持，为企业之间的交流搭建平台。

● 地方各级安全监管部门要结合本地区实际，积极创建安全生产标准化建设示范地区和示范园区，在每个行业树立多家典型企业，以点带面，推动安全生产标准化建设工作。

(6) 推进达标建设

● 各地要按照达标工作方案的安排和要求，指导和督促企业、评审组织单位和评审单位积极开展安全生产标准化建设和评审工作，按期完成工作任务，确保工作质量，防止搞形式、走过场。

● 企业要加强对安全生产标准化建设工作的领导，组织专门的技术力量，或聘请熟悉安全生产标准化工作的单位或专家开展技术咨询，对照相关评定标准，开展自查自纠，全面深入查找安全隐患和问题，认真加以整改，确保企业通过自评达到评定标准的要求，并依照有关规定向当地安全监管部门申报。

● 国有企业和行业领先企业要在安全生产标准化建设工作中发挥表率作用，推动下属单位积极开展安全生产标准化建设工作，原则上以集团公司或上市股份公司为主体申报达标评级，实现整个企业的全面达标。

● 鼓励大型企业发挥带动辐射作用，在采购招标过程中逐步把关联企业和配套企业安全达标作为必要条件，带动关联企业和配套企业实现共同达标。

● 在安全生产标准化建设过程中，要从基础、基层抓起，充分发挥班组安全生产的基础作用，切实加强班组安全建设，强化现场安全管理责任和措施落实，提高职工安全操作技能，杜绝“三违”行为，实现岗位达标，以岗位达标推动企业达标。

● 建立长效机制。已经达标的企业，要进一步巩固安全生产标准化建设成果，做到持续改进和升级，不断提高安全生产标准化建设水平。

第三部分：落实安全生产标准化建设的保障措施

(1) 加强组织领导

各地区要进一步提高对开展工贸企业安全生产标准化建设工作重要性的认识，切实加强组织领导，精心组织，明确职责，协调联动，落实经费，周密安排，科学实施。各级安全监管部门要落实专门的机构和人员，集中精力抓好工贸企业安全生产标准化建设工作，以安全生产标准化建设带动其他各项安全监管工作。

(2) 加强检查指导

一是结合日常安全监管工作，加强对安全生产标准化建设工作的监督检查，督促工作方案的落实，加快企业安全生产标准化建设进度，及时掌握达标进展情况，提高达标进度和质量。二是通过举办宣贯培训班、组织专家现场咨询等方式，寓监管于服务之中，深入企业宣传辅导、答疑解惑，及时研究解决安全生产标准化建设工作中的新问题，为企业安全生产标准化建设提供有效的指导服务。三是适时组织召开不同形式、层次、行业和区域的安全生产标准化建设现场交流会、专题座谈会，交流经验，分析原因，制订对策，分类指导，推动安全生产标准化建设工作。

(3) 建立约束机制

一是把开展安全生产标准化建设工作作为深入贯彻落实科学发展观，创新社会公共管理，促进企业转型升级和加快转变经济发展方式的重要内容，将安全生产标准化建设工作列入安全生产“十二五”规划和地方各级政府及企业年度业绩考核工作中。二是将安全生产标准化建设工作纳入有关安全生产法律法规中，依法促进安全达标。抓住《安全生产法》等法律、行政法规和地方法规修订、起草的契机，在法规层面上作出规定，把安全生产标准化建设纳入法制范畴。国家安监总局要加大部门规章制定工作力度，抓紧制定《冶金等工贸企业安全生产标准化建设工作管理规定》《机械制造企业安全生产监督管理规定》和《建材企业安全生产监督管理规定》等部门规章，把企业安全生产标准化建设工作作为安全监管的重要内容。三是将安全达标与安全行政许可、监管频次和行政处罚等挂钩，与日常监管工作有机结合起来，通过强化安全监管促进安全达标。四是建设项目必须严格执行安全设施“三同时”制度，投产后半年内其安全管理和安全设施要达到三级以上安全标准的要求。

(4) 健全激励机制

一是各地区要结合本地实际，研究制定推进安全生产标准化建设工作的激励机制等政策措施，将企业安全生产标准化建设与项目立项审批（核准）、采购招投标、保险费率、融资贷款、信贷信用等级评定、现代管理企业评定、劳模评选和企业申报上市、上市公司增发等涉及企业利益和企业荣誉的事项挂钩。二是充分发挥安全监管部门的作用，将安全生产标准化建设与监管执法、评优评先、奖惩考核、事故处理及“安康杯”竞赛、安全文化示范企业创建等有机结合起来，区别对待达标企业和未达标企业，有效推动安全生产标准化建设工作。

(5) 加强安全生产标准化建设信息化管理

建立安全生产标准化建设工作信息化管理平台，充分利用信息化管理工具，加强对工作进展的实时管理，及时掌握安全生产标准化建设工作的动态信息，提高考评工作效率和服务水平。

(6) 加强舆论宣传和监督

一是要采取多种形式，加强对安全生产标准化思想内涵、目的意义的宣传，使社会各界达成共识，形成良好的社会氛围。二是对每批经考评达标的企业，要在新闻媒体上公告，并加强对达标企业的正面宣传，使达标企业为社会所了解，从安全生产标准化建设中得到实惠，并带动其他企业做好安全达标工作。三是加大舆论监督力度，对在规定时间不达标的企业，要在媒体公开曝光，促使企业主动开展安全生产标准化建设工作。

4.《企业安全生产标准化基本规范》相关要点

2010 年 4 月 15 日，国家安监总局发布了《企业安全生产标准化基本规范》（AQ/T 9006—2010，以下简称《基本规范》），自 2010 年 6 月 1 日起施行，这意味着我国广大企业的安全生产标准化工作将得到规范。

该标准适用于工矿企业开展安全生产标准化工作以及对标准化工作的咨询、服务和评审，其他企业和生产经营单位可参照执行。有关行业制定安全生产标准化标准应满足该标准的要求；已经制定行业安全生产标准化标准的，优先适用行业安全生产标准化标准。

该标准对安全生产标准化的定义是：通过建立安全生产责任制，制定安全管理制度和操作规程，排查治理隐患和监控重大危险源，建立预防机制，规范生产行为，使各生产环节符合有关安全生产法律法规和标准规范的要求，人、机、物、环处于良好的生产状态，并持续改进，不断加强企业安全生产规范化建设。

《基本规范》分为范围、规范性引用文件、术语和定义、一般要求、核心要求五个部分。

其中，“一般要求”与“核心要求”的具体内容如下：

《基本规范》一般要求

(1) 原则

企业开展安全生产标准化工作，遵循“安全第一、预防为主、综合治理”的方针，以隐患排查治理为基础，提高安全生产水平，减少事故发生，保障人身安全健康，保证生产经营活动的顺利进行。

(2) 建立和保持

企业安全生产标准化工作采用“策划、实施、检查、改进”动态循环的模式，依据本标准的要求，结合自身特点，建立并保持安全生产标准化系统；通过自我检查、自我纠正和自我完善，建立安全绩效持续改进的安全生产长效机制。

(3) 评定和监督

企业安全生产标准化工作实行企业自主评定、外部评审的方式。

企业应当根据本标准和有关评分细则，对本企业开展安全生产标准化工作情况进行评定；自主评定后申请外部评审定级。

安全生产标准化评审分为一级、二级、三级，一级为最高级。

安全生产监督管理部门对评审定级进行监督管理。

《基本规范》核心要求

(1) 目标

企业根据自身安全生产实际，制定总体和年度安全生产目标。按照所属基层单位和部门在生产经营中的职能，制定安全生产指标和考核办法。

(2) 组织机构和职责

● 组织机构。企业应按规定设置安全生产管理机构，配备安全生产管理人员。

● 职责。企业主要负责人应按照安全生产法律法规赋予的职责，全面负责安全生产工作，并履行安全生产义务。企业应建立安全生产责任制，明确各级单位、部门和人员的安全生产职责。

(3) 安全生产投入

企业应建立安全生产投入保障制度，完善和改进安全生产条件，按规定提取安全费用，专项用于安全生产，并建立安全费用台账。

(4) 法律法规与安全管理制度

● 法律法规、标准规范。企业应建立识别和获取适用的安全生产法律法规、标准规范的制度，明确主管部门，确定获取的渠道、方式，及时识别和获取适用的安全生产法律法规、标准规范。

企业各职能部门应及时识别和获取本部门适用的安全生产法律法规、标准规范，并跟踪、掌握有关法律法规、标准规范的修订情况，及时提供给企业内负责识别和获取适用的安全生产法律法规的主管部门汇总。

企业应将适用的安全生产法律法规、标准规范及其他要求及时传达给从业人员。

企业应遵守安全生产法律法规、标准规范，并将相关要求及时转化为本单位的规章制度，贯彻到各项工作中。

● 规章制度。企业应建立健全安全生产规章制度，并发放到相关工作岗位，规范从业人员的生产作业行为。

安全生产规章制度至少应包含下列内容：安全生产职责、安全生产投入、文件和档案管理、隐患排查与治理、安全教育培训、特种作业人员管理、设备设施安全管理、建设项目安全设施“三同时”管理、生产设备设施验收管理、生产设备设施报废管理、施工和检（维）修安全管理、危险物品及重大危险源管理、作业安全管理、相关方及外用工管理、职业健康管理、防护用品管理、应急管理、事故管理等。

● 操作规程。企业应根据生产特点，编制岗位安全操作规程，并发放到相关岗位。

● 评估。企业应每年至少一次对安全生产法律法规、标准规范、规章制度、操作规程的执行情况进行检查评估。

● 修订。企业应根据评估情况、安全检查反馈的问题、生产安全事故案例、绩效评定结果等，对安全生产管理规章制度和操作规程进行修订，确保其有效和适用，保证每个岗位所使用的为最新有效版本。

● 文件和档案管理。企业应严格执行文件和档案管理制度，确保安全规章制度和操作规程编制、使用、评审、修订的效力。

企业应建立主要安全生产过程、事件、活动、检查的安全记录档案，并加强对安全记录的有效管理。

(5) 教育培训

● 教育培训管理。企业应确定安全教育培训主管部门，按规定及岗位需要，定期识别安全教育培训需求，制订、实施安全教育培训计划，提供相应的资源保证。

企业应做好安全教育培训记录，建立安全教育培训档案，实施分级管理，并对培训效果进行评估和改进。

● 安全生产管理人员教育培训。企业的主要负责人和安全生产管理人员，必须具备与本单位所从事的生产经营活动相适应的安全生产知识和管理能力。法律法规要求必须对其安全生产知识和管理能力进行考核的，须经考核合格后方可任职。

● 操作岗位人员教育培训。企业应对操作岗位人员进行安全教育和生产技能培训，使其熟悉有关的安全生产规章制度和安全操作规程，并确认其能力符合岗位要求。未经安全教育培训，或培训考核不合格的从业人员，不得上岗作业。

新入厂（矿）人员在上岗前必须经过厂（矿）、车间（工段、区、队）、班组三级安全教育培训。

在新工艺、新技术、新材料、新设备设施投入使用前，应对有关操作岗位人员进行专门的安全教育和培训。

操作岗位人员转岗、离岗一年以上重新上岗者，应进行车间（工段）、班组安全教育培训，经考核合格后，方可上岗工作。

从事特种作业的人员应取得特种作业操作资格证书后方可上岗作业。

● 其他人员教育培训。企业应对相关方的作业人员进行安全教育培训。作业人员进入作业现场前，应由作业现场所在单位对其进行进入现场前的安全教育培训。

企业应对外来参观、学习等人员进行有关安全规定、可能接触到的危害及应急知识的教育和告知。

● 安全文化建设。企业应通过安全文化建设促进安全生产工作。

企业应采取多种形式的安全文化活动，引导全体从业人员的安全理念和安全行为，逐步形成为全体员工所认同、共同遵守、带有本单位特点的安全价值观，实现法律和政府监管要求之上的安全自我约束，保障企业安全生产水平持续提高。

(6) 生产设备设施

● 生产设备设施建设。企业建设项目的所有设备设施应符合有关法律法规、标准规范要求；安全设备设施应与建设项目主体工程同时设计、同时施工、同时投入生产和使用。

企业应按规定对项目建议书、可行性研究、初步设计、总体开工方案、开工前安全条件确认和竣工验收等阶段进行规范管理。

生产设备设施变更应执行变更管理制度，履行变更程序，并对变更的全过程进行隐患控制。

● 设备设施运行管理。企业应对生产设备设施进行规范化管理，保证其安全运行。

企业应有专人负责管理各种安全设备设施，建立台账，定期检维修。对安全设备设施应制订检（维）修计划。

设备设施检（维）修前应制定方案。检（维）修方案应包含作业行为分析和控制措施。检（维）修过程中应执行隐患控制措施并进行监督检查。

安全设备设施不得随意拆除、挪用或弃置不用；确因检（维）修拆除的，应采取临时安全措施，检（维）修完毕后立即复原。

● 新设备设施验收及旧设备拆除、报废。设备的设计、制造、安装、使用、检测、维修、改造、拆除和报废，应符合有关法律法规、标准规范的要求。

企业应执行生产设备设施到货验收和报废管理制度，应使用质量合格、设计符合要求的生产设备设施。

拆除的生产设备设施应按规定进行处置。拆除的生产设备设施涉及危险物品的，须制订危险物品处置方案和应急措施，并严格按规定组织实施。

(7) **作业安全**

● 生产现场管理和生产过程控制。企业应加强生产现场安全管理和生产过程的控制，对生产过程及物料、设备设施、器材、通道、作业环境等存在的隐患，应进行分析和控制；对动火作业、受限空间内作业、临时用电作业、高处作业等危险性较高的作业活动实施作业许可管理，严格履行审批手续。作业许可证应包含危害因素分析和安全措施等内容。

企业进行爆破、吊装等危险作业时，应当安排专人进行现场安全管理，确保安全规程的遵守和安全措施的落实。

● 作业行为管理。企业应加强生产作业行为的安全管理。对作业行为隐患、设备设施使用隐患、工艺技术隐患等进行分析，采取控制措施。

● 警示标志。企业应根据作业场所的实际情况，按照 GB 2894 及企业内部规定，在有较大危险因素的作业场所和设备设施上，设置明显的安全警示标志，进行危险提示、警示，告知危险的种类、后果及应急措施等。

企业应在设备设施检（维）修、施工、吊装等作业现场设置警戒区域和警示标志，在检（维）修现场的坑、井、洼、沟、陡坡等场所设置围栏和警示标志。

● 相关方管理。企业应执行承包商、供应商等相关方管理制度，对其资格预审、选择、服务前准备、作业过程、提供的产品、技术服务、表现评估、续用等进行管理。

企业应建立合格相关方的名录和档案，根据服务作业行为定期识别服务行为风险，并采取行之有效的控制措施。

企业应对进入同一作业区的相关方进行统一安全管理。

不得将项目委托给不具备相应资质或条件的相关方。企业和相关方的项目协议应明确规定双方的安全生产责任和义务。

● 变更。企业应执行变更管理制度，对机构、人员、工艺、技术、设备设施、作业过程及环境等永久性或暂时性的变化进行有计划的控制。

变更的实施应履行审批及验收程序，并对变更过程及变更所产生的隐患进行分析和控制。

(8) 隐患排查和治理

● 隐患排查。企业应组织事故隐患排查工作，对隐患进行分析评估，确定隐患等级，登记建档，及时采取有效的治理措施。

法律法规、标准规范发生变更或有新的公布，以及企业操作条件或工艺改变，新建、改建、扩建项目建设，相关方进入、撤出或改变，对事故、事件或其他信息有新的认识，组织机构发生大的调整的，应及时组织隐患排查。

隐患排查前应制订排查方案，明确排查的目的、范围，选择合适的排查方法。排查方案应依据：①有关安全生产法律、法规要求；②设计规范、管理标准、技术标准；③企业的安全生产目标等。

● 排查范围与方法

企业隐患排查的范围应包括所有与生产经营相关的场所、环境、人员、设备设施和活动。

企业应根据安全生产的需要和特点，采用综合检查、专业检查、季节性检查、节假日检查、日常检查等方式进行隐患排查。

● 隐患治理。企业应根据隐患排查的结果，制订隐患治理方案，对隐患及时进行治理。

隐患治理方案应包括目标和任务、方法和措施、经费和物资、机构和人员、时限和要求。重大事故隐患在治理前应采取临时控制措施并制订应急预案。

隐患治理措施包括：工程技术措施、管理措施、教育措施、防护措施和应急措施。

治理完成后，应对治理情况进行验证和效果评估。

● 预测预警。企业应根据生产经营状况及隐患排查治理情况，运用定量的安全生产预测预警技术，建立体现企业安全生产状况及发展趋势的预警指数系统。

(9) 重大危险源监控

● 辨识与评估。企业应依据有关标准对本单位的危险设施或场所进行重大危险源辨识与安全评估。

● 登记建档与备案。企业应当对确认的重大危险源及时登记建档，并按规定备案。

● 监控与管理。企业应建立健全重大危险源安全管理制度，制定重大危险源安全管理技术措施。

(10) 职业健康

● 职业健康管理。企业应按照法律法规、标准规范的要求，为从业人员提供符合职业健康要求的工作环境和条件，配备与职业健康保护相适应的设施、工具。

企业应定期对作业场所职业危害进行检测，在检测点设置标识牌予以告知，并将检测结果存入职业健康档案。

对可能发生急性职业危害的有毒、有害工作场所，应设置报警装置，制订应急预案，配置现场急救用品、设备，设置应急撤离通道和必要的泄险区。

各种防护器具应定点存放在安全、便于取用的地方，并有专人负责保管，定期校验和维护。

企业应对现场急救用品、设备和防护用品进行经常性的检（维）修，定期检测其性能，确保其处于正常状态。

● 职业危害告知和警示。企业与从业人员签订劳动合同时，应将工作过程中可能产生的职业危害及其后果和防护措施如实告知从业人员，并在劳动合同中写明。

企业应采用有效的方式对从业人员及相关方进行宣传，使其了解生产过程中的职业危害、预防和应急处理措施，降低或消除危害后果。

对存在严重职业危害的作业岗位，应按照《工作场所职业病危害警示标识》（GBZ 158—2003）要求设置警示标识和警示说明。警示说明应载明职业危害的种类、后果、预防和应急救治措施。

● 职业危害申报。企业应按规定，及时、如实地向当地主管部门申报生产过程存在的职业危害因素，并依法接受其监督。

(11) 应急救援

● 应急机构和队伍。企业应按规定建立安全生产应急管理机构，或指定专人负责安全生产应急管理工作。

企业应建立与本单位安全生产特点相适应的专兼职应急救援队伍，或指定专兼职应急救援人员，并组织训练；无须建立应急救援队伍的，可与附近具备专业资质的应急救援队伍签订服务协议。

● 应急预案。企业应按规定制订生产安全事故应急预案，并针对重点作业岗位制订应急处置方案或措施，形成安全生产应急预案体系。

应急预案应根据有关规定报当地主管部门备案，并通报有关应急协作单位。

应急预案应定期评审，并根据评审结果或实际情况的变化进行修订和完善。

● 应急设施、装备、物资。企业应按规定准备应急设施，配备应急装备，储备应急物资，并进行经常性的检查、维护、保养，确保其完好、可靠。

● 应急演练。企业应组织生产安全事故应急演练，并对演练效果进行评估。根据评估结果，修订、完善应急预案，改进应急管理工作。

● 事故救援。企业发生安全事故后，应立即启动相关应急预案，积极开展事故救援。

(12) 事故报告、调查和处理

● 事故报告。企业发生事故后，应按规定及时向上级单位、政府有关部门报告，并妥善保护事故现场及有关证据，必要时向相关单位和人员通报。

● 事故调查和处理。企业发生安全事故后，应按规定成立事故调查组，明确其职责与权限，进行事故调查或配合上级部门的事故调查。

事故调查应查明事故发生的时间、经过、原因、人员伤亡情况及直接经济损失等。

事故调查组应根据有关证据、资料，分析事故的直接、间接原因和事故责任，提出整改措施和处理建议，编制事故调查报告。

（13）绩效评定和持续改进

● 绩效评定。企业应每年至少一次对本单位安全生产标准化的实施情况进行评定，验证各项安全生产制度措施的适宜性、充分性和有效性，检查安全生产工作目标、指标的完成情况。

企业主要负责人应对绩效评定工作全面负责。评定工作应形成正式文件，并将结果向所有部门、所属单位和从业人员通报，作为年度考评的重要依据。

企业发生死亡事故后应重新进行评定。

● 持续改进。企业应根据安全生产标准化的评定结果和安全生产预警指数系统所反映的趋势，对安全生产目标、指标、规章制度、操作规程等进行修改完善，持续改进，不断提高安全绩效。

5.《全国冶金等工贸企业安全生产标准化考评办法》相关要点

2011 年 6 月 7 日，国家安监总局印发《关于印发全国冶金等工贸企业安全生产标准化考评办法的通知》（安监总管四［2011］84 号）。制定《全国冶金等工贸企业安全生产标准化考评办法》的目的，是根据《安全生产法》《国务院关于进一步加强企业安全生产工作的通知》（国发［2010］23 号），为有效实施《企业安全生产标准化基本规范》（AQ/T 9006—2010），规范冶金等工贸企业安全生产标准化考评工作。本办法所称冶金等工贸企业是指冶金、有色、建材、机械、轻工、纺织、烟草、商贸等行业企业。

《全国冶金等工贸企业安全生产标准化考评办法》规定：企业安全生产标准化考评采取自评、申请、评审、审核公告、颁发证书和牌匾的方式进行。

(1) 有关安全生产标准化企业分级

安全生产标准化企业分为一级企业、二级企业和三级企业。一级企业由国家安监总局（以下简称总局）审核公告；二级企业由企业所在地省（自治区、直辖市）及新疆生产建设兵团安全生产监督管理部门（以下简称省级安全监管部门）审核公告；三级企业由所在地设区的市（州、盟）安全生产监督管理部门（以下简称市级安全监管部门）审核公告。

(2) 有关申请安全生产标准化评审企业的条件

申请安全生产标准化评审的企业应具备以下条件：

设立有安全生产行政许可的，已依法取得国家规定的相应安全生产行政许可。

申请一级企业的，应为大型企业集团、上市公司或行业领先企业。申请评审之日前一年内，大型企业集团、上市集团公司未发生较大以上生产安全事故，集团所属成员企业90%以上无死亡生产安全事故；上市公司或行业领先企业无死亡生产安全事故。

申请二级企业的，申请评审之日前一年内，大型企业集团、上市集团公司未发生较大以上生产安全事故，集团所属成员企业80%以上无死亡生产安全事故；企业死亡人员未超过1人。

申请三级企业的，申请评审之日前一年内生产安全事故累计死亡人员未超过2人。

行业评定标准中的企业安全绩效要求高于本条款的，按照行业标准执行；低于本条款要求的，按照本条款执行。

(3) 有关评审依据相应的评定标准

评审依据相应的评定标准（或评分细则，下同）采用评分的方式进行，满分为100分，评审标准如下：

一级：评审评分大于等于90分（大型集团公司90%以上的成员企业评审评分大于等于90分）；

二级：评审评分大于等于75分（集团公司80%以上的成员企业评审评分大于等于75分）；

三级：评审评分大于等于60分。

评定标准满分不为100分的，按100分制折算。

（4）有关安全生产标准化考评程序

安全生产标准化考评程序：

● 企业自评：企业成立自评机构，按照评定标准的要求进行自评，形成自评报告。企业自评可以邀请专业技术服务机构提供支持。

● 申请评审：企业根据自评结果，经相应的安全生产监督管理部门（以下简称安全监管部门）同意后，提出书面评审申请。

申请安全生产标准化一级企业的，经所在地省级安全监管部门同意后，向一级企业评审组织单位提出申请；申请安全生产标准化二级企业的，经所在地市级安全监管部门同意后，向所在地省级安全监管部门或二级企业评审组织单位提出申请；申请安全生产标准化三级企业的，经所在地县级安全监管部门同意后，向所在地市级安全监管部门或三级企业评审组织单位提出申请。

符合申请要求的，通知相关评审单位组织评审；不符合申请要求的，书面通知申请企业，并说明理由。由评审组织单位受理申请的，评审组织单位对申请进行初步审查，报请审核公告的安全监管部门核准同意后，方可通知相关评审单位组织评审。

● 评审与报告：评审单位收到评审通知后，应按照相关评定标准的要求进行评审。评审完成后，经申请受理单位初步审查，将符合要求的评审报告报送审核公告的安全监管部门；对于不符合要求的评审报告，书面通知评审单位，并说明理由。

评审结果未达到企业申请等级的，经申请企业同意，限期整改后重审；或根据评审实际达到的等级，按本办法的规定，向相应的安全监管部门申请审核。

评审工作应在收到评审通知之日起3个月内完成（不含企业整改时间）。

(5) 有关审核与公告、颁发证书和牌匾

审核与公告：审核公告的安全监管部门对提交的评审报告进行审核，对符合标准的企业予以公告；对不符合标准的企业，书面通知申请受理单位，并说明理由。

颁发证书和牌匾：经公告的企业，由安全监管部门或指定的评审组织单位颁发相应等级的安全生产标准化证书和牌匾。证书和牌匾由总局统一监制、统一编号。

安全生产标准化一级企业评审组织单位和评审单位由总局确定，二级、三级企业评审组织单位和评审单位由省级安全监管部门确定。

评审单位按照评定标准，对申请企业采用资料核对、人员询问、现场考核和查证的方法进行评审。人员询问、现场考核和查证可以按一定比例进行抽查。

安全生产标准化企业证书和牌匾有效期为3年。期满前3个月，企业可按本办法的规定申请延期，换发证书、牌匾。

(6) 有关撤销安全生产标准化等级企业事项

取得安全生产标准化证书的企业，在证书有效期内发生下列行为的，由原审核单位公告撤销其安全生产标准化企业等级：

- 在评审过程中弄虚作假、申请材料不真实的；
- 不接受检查、抽查的；
- 迟报、漏报、谎报、瞒报生产安全事故的；
- 大型企业集团、上市集团公司一级企业发生较大以上生产安全事故，或所属成员企业10%以上发生死亡生产安全事故的；
- 一级、二级、三级企业发生人员死亡生产安全事故，半年内须申请复评，复评不合格的；

● 企业再次发生人员死亡生产安全事故的。

被撤销安全生产标准化等级的企业，按降低至少一个等级重新申请评审；自撤销之日起满一年的，方可申请被降低前的等级。

三级企业符合撤销等级条件的，由市级审核公告单位责令限期整改，通知评审组织单位收回证书、牌匾。整改期满，经原评审单位评审，符合三级企业要求的，方可重新颁发原证书、牌匾。整改期限不得超过一年。

被撤销安全生产标准化等级的企业，应向原发证单位交回证书、牌匾。

企业取得安全生产标准化证书后，每年应对本单位安全生产标准化的实施情况至少进行一次自我评定，并形成自评报告，及时发现和解决生产中的安全问题，持续改进，不断提高安全生产水平。

企业安全生产标准化年度自评报告须按有关规定抄送相应的安全监管部门。

评审单位应严格按照相关安全生产标准化评定标准的要求开展考评的相关工作，确保安全生产标准化考评工作的质量，并对评审结果负责。

对取得安全生产标准化证书的企业，各级安全监管部门视情况组织日常检查、抽查，并对检查、抽查情况进行通报。企业在考评过程中弄虚作假、申请材料不真实，不接受检查、抽查，或者发生生产安全事故、符合该办法相关规定的，撤销其安全生产标准化企业等级。

该办法自印发之日起施行。2005 年 1 月 24 日原国家安全生产监督管理局印发的《机械制造企业安全质量标准化考核评级办法》（安监管管二字［2005］11 号）和 2008 年 1 月 31 日国家安监总局印发的《冶金企业安全标准化考评办法（试行）》（安监总管一［2008］23 号）同时废止。

6.《冶金等工贸企业安全生产标准化建设评审工作管理办法》相关要点

2011年6月8日，国家安监总局印发《冶金等工贸企业安全生产标准化建设评审工作管理办法》（安监总管四［2011］87号，以下简称《评审工作管理办法》）。制定《评审工作管理办法》的目的，是为进一步做好全国冶金等工贸企业安全生产标准化建设评审工作，加强对安全生产标准化建设评审组织单位、评审单位和评审人员的管理，并对相关事项作了规定。

（1）评审组织单位管理

1）评审组织单位是指由各级安全监管部门考核确定、统一负责冶金等工贸企业安全生产标准化建设评审组织工作的单位。

2）安全生产标准化一级企业的评审组织单位由国家安监总局确定；地方安全监管部门根据工作实际自行确定安全生产标准化二、三级企业的评审组织单位，并由省级安全监管部门汇总，报国家安监总局备案。

3）评审组织单位应当具备下列条件：

● 有与其开展工作相适应的固定工作场所和办公设施，具有必要的技术支撑条件；

● 有健全的内部管理制度、评审组织程序文件、评审单位管理流程、评审档案管理制度等；

● 设有专职工作人员，其应具备与其承担评审组织工作相适应的能力；

● 参加过有关安全生产法律法规、标准规范、文件和标准化等知识的培训；

● 严格按照安全监管部门的工作要求，依法依规办事，认真组织开展评审工作。

4）评审组织单位职责：

● 配合安全监管部门做好评审工作和对评审单位的日常管理工

作。对评审单位的现场评审工作进行抽查，发现抽查结果不合格的，评审组织单位应向相应安全监管部门书面提出暂停评审单位评审工作的建议；对两次抽查结果不合格的，提出取消评审单位评审工作的建议。

● 对安全生产标准化达标企业在颁证后半年内进行现场抽查，并将抽查情况报告相关安全监管部门。对不符合要求的达标企业，向安全监管部门书面提出撤销其安全生产标准化企业等级的建议。

● 聘请评审专家，建立相关行业安全生产标准化评审人员库，并建立评审人员档案。

● 经安全监管部门授权，组织评审人员的培训和考核，承担评审人员培训、考核与管理等工作。

5）评审组织单位工作程序：

● 评审组织单位收到相关安全监管部门受理的企业申请后，应在10个工作日内完成对申请材料的合规性审查工作。文件、材料符合要求的，在相应评审业务范围内的评审单位名录中通过随机方式选择评审单位，将申请材料转交评审单位开展评审工作；不符合要求的，评审组织单位函告相关安全监管部门和申请企业，并说明原因。

● 评审完成后，评审组织单位对评审单位的评审相关材料进行审查。审查通过后，向相关安全监管部门提交评审报告和评审评分表等材料。

● 经安全监管部门公告的企业，由评审组织单位按照国家安监总局的有关规定颁发安全生产标准化证书和牌匾。

评审组织单位要自觉接受安全监管部门的监督，认真做好各项评审组织工作，并填写“安全生产标准化评审组织单位登记表”，报相应的安全监管部门备案。

(2) 评审单位管理

1）评审单位是指由安全监管部门考核确定、具体承担安全生产标准化企业评审工作的单位。

2）评审单位应当具备下列条件：

● 具有法人资格，没有违法行为记录；

● 有与其开展工作相适应的固定工作场所和办公设施，具有必要的技术支撑条件；

● 有健全的内部管理制度、评审程序文件、评审档案、质量控制体系、管理制度和评审人员档案等；

● 有 10 名以上通过评审组织单位组织的有关安全生产法律法规、标准规范、文件和标准化等知识的培训，并取得培训合格证书的评审员；

● 有与相应评定标准专业技术要求相符、满足评审工作需要、取得评审组织单位颁发聘书的评审专家；

● 配备负责安全生产标准化相关日常管理工作的专职工作人员；

● 经国家安监总局及评审组织单位考核合格。

3）评审单位开展评审工作时，应当遵守下列行为规范：

● 评审单位不得自行或以安全监管部门及其工作人员的名义或以欺骗手段到企业招揽业务；

● 与申请企业存在利害关系的，应当回避；

● 坚持依法经营，遵守市场竞争规则，不采取欺诈、恶性竞争等不正当手段获取利益；

● 做到廉洁自律，坚决杜绝商业贿赂和其他形式的经济违法犯罪行为；

● 加强评审人员业务培训，不断提高评审人员的整体素质和业务水平，保证评审结果的科学性、先进性和准确性，不剽窃、不抄袭他人成果；

● 评审单位技术服务收费符合法律法规和有关财政收费的规定，

并与申请企业签订技术服务合同，出现违法违规乱收费行为的，取消评审单位资格，并依法追究责任；

● 评审工作资料、申请企业现场勘查记录、影像资料及相关证明材料，应及时归档，妥善保管，并遵守保密协议；

● 认真接受安全监管部门的监督检查，自觉接受社会监督，配合评审组织单位的日常管理及检查；

● 落实评审单位责任，积极服务于基层安全生产工作，帮助企业开展隐患排查和治理，消除事故隐患，为推动和规范企业安全生产标准化建设积极献计献策。

4）评审单位应建立评审人员档案，并将下列材料汇总后报评审组织单位备案：①安全生产标准化评审人员登记表；②学历和专业技术能力证明；③评审员培训合格证书；④其他相关材料。

5）评审单位应按照以下流程开展评审工作：

● 评审单位收到评审组织单位授权和转交的申请材料后，应在现场评审前进行文件审查，并完成文件审查报告；与申请企业确定现场评审时间，函告申请企业，并签订技术服务合同，明确评审对象、范围，以及双方各自的权利、义务和责任。

● 现场评审时，按照申请企业评审的评定标准中的管理、技术、工艺等要求，配足相应的评审人员，组成评审组。评审组至少由 5 名以上评审人员组成，其中至少包括 2 名由评审组织单位备案的评审专家；指定 1 名评审员担任评审组长，负责现场评审工作；现场评审采用资料核对、人员询问、现场考核和查证的方法进行；现场评审完成后，向申请企业出具现场评审结论，并对发现的问题规定整改完成时间，评审组全体成员须在现场评审结论上签字。

● 申请企业整改完成后，评审单位依据整改情况的实际需要，进行现场或整改报告复核，确认其整改效果。若整改符合相关要求，评审单位形成评审报告，由评审单位主要负责人审核后，向评审组织单位提交评审报告、评审工作总结、评审结论原件、评审得分表、评审人员信息等相关材料。

评审工作应在接到评审组织单位授权之日起 3 个月内完成（不包括企业整改时间）；集团公司企业一次申请评审企业较多的，由评审组织单位根据申请数量情况批准适当延长评审时间。

填写“安全生产标准化评审单位登记表”，报国家安全生产监督管理总局及评审组织单位备案。

(3) 评审人员管理

1）该办法所称的评审人员，包括评审单位的评审员和评审组织单位聘请的评审专家。

2）评审员应当具备下列条件：

● 评审单位的正式职工；

● 具有国家承认的大学以上（含大学）学历，且具有注册安全工程师、安全评价师或中级以上（含中级）专业技术职务；

● 熟悉安全生产有关法律、法规、规章、标准、规范和相关行业安全生产标准化规范、评定标准等，掌握相应的评审方法；

● 通过评审组织单位组织的有关安全生产法律法规、标准规范、文件和标准化等知识的培训，考试合格，取得培训合格证书，并按时接受复训。

3）评审专家应当具备下列条件：

● 生产经营单位、科研院所、高等院校、中介机构、社会团体等相关专业技术人员，身体状况良好，能胜任评审工作；

● 具有至少 5 年以上相关专业技术或安全管理现场工作经历，并经所在单位推荐确认；

● 具有国家承认的大学以上（含大学）学历，且具有工程类高级专业技术职务；

● 具有与评审工作要求相适应的观察、分析和判断能力，能够协助或独立开展对申请单位的文件评审和现场评审等工作；

● 参加评审组织单位组织的有关安全生产法律法规、标准规范、文件和标准化等知识的培训；

● 取得评审组织单位颁发的聘书。

4）评审人员应履行下列职责：

● 认真贯彻执行国家有关安全生产的法律、法规、规章、标准、规范和相关行业安全生产标准化规范、评定标准；

● 评审前主动向评审单位公开与申请企业的利害关系，不隐瞒任何有可能影响评审公正性的信息；

● 仅参加相关专业领域的评审工作，遵守现场评审工作秩序，认真完成对申请单位的文件审查和现场评审等工作，提交完整的现场评审报告等资料，并对作出的文件审查和现场评审结论负责；

● 严格遵守公正性与保密承诺，在从事合规性审查、文件审查和现场评审时，不得泄露申请单位的技术和商业秘密；

● 认真完成安全监管部门或评审组织单位、评审单位安排的其他任务。

（4）其他有关规定

● 该办法适用于冶金、有色、建材、机械、轻工、纺织、烟草、商贸等工贸企业安全生产标准化建设评审工作。

● 评审组织单位管理适用于各级安全监管部门。

● 评审单位、评审人员管理适用于国家安监总局所确定的冶金等工贸行业安全生产标准化一级企业的评审单位和评审人员管理。省、市（地）级安全监管部门可以根据工作需要和本部门实际，创新工作方法，自行制定评审单位、评审人员管理办法。

● 评审组织单位、评审单位、评审人员要按照“服务企业、公正自律、确保质量、力求实效”的原则开展工作，为提高企业安全管理水平，推动企业安全生产标准化建设作出贡献。

● 经安全生产标准化一级企业评审组织单位确定的评审人员，可参加安全生产标准化二、三级企业评审工作。

● 安全生产标准化一级企业评审单位受地方各级安全监管部门

及评审组织单位委派，可承担安全生产标准化二、三级企业评审工作。

7.《关于深入开展企业安全生产标准化岗位达标工作的指导意见》相关要点

2011年5月30日，国家安监总局、中华全国总工会、共青团中央联合印发《关于深入开展企业安全生产标准化岗位达标工作的指导意见》（安监总管四［2011］82号，以下简称《指导意见》），目的是为了贯彻落实《国务院关于进一步加强企业安全生产工作的通知》（国发［2010］23号）和《国务院办公厅关于继续深化“安全生产年”活动的通知》（国办发［2011］11号）精神，更加有效地推进企业安全生产标准化建设工作，指导各地企业深入开展岗位达标，强化安全生产基层基础工作。

《指导意见》的主要内容和要求如下：

（1）岗位达标的重要性

● 岗位达标是企业安全生产标准化的基本条件。岗位是企业安全管理的基本单元，在安全生产标准化建设过程中，应当通过考核、评定或鉴定等方式，对每个岗位作业人员的知识、技能、素质、操作、管理及其作业条件、现场环境等进行全面评价，确认是否达到岗位标准。只有每个岗位，尤其是基层操作岗位，将国家有关安全生产法律法规、标准规范和企业安全管理制度落到实处，实现岗位达标，才能真正实现企业达标。

● 岗位达标是企业开展安全生产标准化建设工作的重要基础。目前工矿商贸行业中大部分企业为中、小型企业，这些企业安全管理基础薄弱、事故隐患多，在开展安全生产标准化建设工作时，面临人才短缺、投入不足等实际困难，在逐步完善作业条件、改进安全设施和提高安全生产管理水平的同时，应从开展岗位达标入手，加强安全生产基础建设，重点解决岗位操作问题和作业现场管理问题，为实现企业达标奠定基础。

● 岗位达标是企业防范事故的有效途径。据统计，企业生产安全事故多数是由“三违”（违章指挥、违规作业、违反劳动纪律）造成的。有效遏制较大以上事故、减少事故总量，必须落实各岗位的安全生产责任制，提高岗位人员的安全意识和操作技能，规范作业行为，实现岗位达标，减少和杜绝“三违”现象，全面提升现场安全管理水平，进而防范各类事故的发生。

（2）岗位达标的目标

企业开展岗位达标工作，以基层操作岗位达标为核心，不断提高职工安全意识和操作技能，使职工做到“三不伤害”（不伤害自己、不伤害别人、不被别人伤害）；规范现场安全管理，实现岗位操作标准化，保障企业达标。

（3）实现岗位达标的途径

● 制定岗位标准，明确岗位达标要求。企业要结合各岗位的性质和特点，依据国家有关法律法规、标准规范制定各个岗位的岗位标准。岗位标准是该岗位人员作业的综合规范和要求，其内容必须具体全面、切实可行。

企业要定期评审、修订和完善岗位标准，确保岗位标准持续符合安全生产的实际要求。在国家法律法规和标准规范、企业的生产工艺和设备设施、岗位职责等发生变化时，及时对岗位标准进行修订、完善。

● 建立评定制度，确定达标评定程序。企业要建立岗位达标评定工作制度，对照岗位标准确定量化的评定指标，明确评定工作的方式、程序、评定结果处理等内容。企业岗位达标评定可以采用达标考试、岗位自评、班组互评、上级对下级评定、成立评定小组统一评定等方式进行。安全生产标准化评审单位在现场评审时，要按有关规定将岗位达标作为安全生产标准化的重要内容进行考评，对重要岗位和关键岗位的达标情况进行抽查。

● 切实加强班组建设。将班组安全管理作为岗位达标的重要内容，从规范班前会、开展经常性的安全教育等班组安全活动入手，将各项安全管理措施落实到班组，将安全防范技能落实到每一个班组成员，强基固本，真正把生产经营筑牢在安全基础上。

● 丰富达标形式，推动岗位达标创新。企业可采取开展班组建设活动、危险预知训练、岗位大练兵、岗位技术比武、全员持证上岗、师傅传帮带等切合实际、形式多样的活动，营造“全员参与岗位达标，人人实现岗位安全”的活动氛围，不断提升职工的安全素质，推动岗位达标工作。

（4）岗位达标的保障措施

● 落实企业责任，规范岗位达标。企业是岗位达标的主体，要切实加强对岗位达标工作的领导，紧密结合生产经营实际，突出重点岗位和关键环节，组织制定本企业推进岗位达标工作的方案，并建立有关岗位达标工作制度，定期组织开展岗位达标工作检查，做到“岗位有职责、作业有程序、操作有标准、过程有记录、绩效有考核、改进有保障”，提高达标质量，确保岗位达标工作持续、有效地开展。

● 加大宣教力度，提升岗位技能。各企业要增强岗位教育培训尤其是基层岗位教育培训的针对性，使职工具备危险预知能力、应急处置能力、安全操作技能等，自觉抵制“三违”行为。企业要充分利用班前班后会、安全讲座、安全知识竞赛和安全日活动等各种方式，开展经常性、职工喜闻乐见的安全教育培训，不断强化和提升职工安全素质。

● 制订奖罚措施，促进岗位达标。各企业要建立并完善企业岗位达标工作的激励和约束机制，制订具体的奖罚措施，将岗位达标与职工薪酬福利、职位晋升、评先评优等挂钩；对规定期限内不达标的，采取重新培训、调岗、待岗等措施。

● 加大安全投入，创造达标条件。各企业要加大安全投入，为开展岗位达标工作提供人、财、物等方面的条件，确保作业环境、安全设施、人员防护等方面符合国家有关法律法规和标准规范的要求，为岗位达标以及现场标准化创造条件。

● 树立典型示范，引领岗位达标。各企业要在岗位达标工作中认真总结经验，学习借鉴其他企业岗位达标工作的经验和做法，在企业内树立岗位达标的典型，鼓励职工互帮互学，开创你追我赶、争创岗位达标的局面，进一步推动和促进岗位达标。

● 加强工作指导，推动岗位达标。各级安全监管部门要把岗位达标作为安全生产标准化建设的一项重要内容，加强《指导意见》的宣贯工作，抓好企业负责人的业务培训；加强指导和组织协调，强化对企业岗位达标工作的监督检查，指导督促企业落实岗位达标的要求；适时总结和推广岗位达标工作中的成功经验和做法，为企业之间相互交流学习提供渠道和平台；充分利用电视、广播、报纸等新闻媒体，加强岗位达标的宣传，营造良好的舆论氛围。

各级工会组织要充分发挥引导职能，通过组织技能比赛、技术比武、师徒帮教、岗位练兵等活动，推广选树“金牌工人”“首席职工”“创新能手”“创新示范岗”的经验，结合创建“工人先锋号”“安康杯”竞赛等活动，不断提高员工安全意识和安全技能；要发挥安全生产监督检查职能，加强对岗位达标的检查，推动岗位达标。

各级团组织要深入推进青年文明号、青年岗位能手、青工技能振兴计划，开展“争创青年安全生产示范岗”活动，激励引导广大青年职工强化安全生产意识，提高安全生产技能，促进岗位达标。

各省级安全监管部门、工会和共青团组织要加强领导，创新工作思路和工作方式，认真贯彻落实《指导意见》要求。国家安监总局、中华全国总工会和共青团中央将适时联合组织开展贯彻落实《指导意见》情况的检查，总结经验，表彰先进，推动工作。

8.《关于深入持久开展煤矿安全质量标准化工作的指导意见》相关要点

2009 年 6 月 12 日，国家安监总局、国家煤矿安全监察局（以下简称“国家煤监局”）下发《关于深入持久开展煤矿安全质量标准化工作的指导意见》（安监总煤行［2009］117 号）。该指导意见分为六个部分，对充分认识新时期开展煤矿安全质量标准化工作的重要性、指导思想和工作目标、标准制定、考核评级、工作要求、主要措施等事项进行了说明，并提出要求。

(1) 充分认识新时期开展煤矿安全质量标准化工作的重要性

安全质量标准化是加强煤矿安全基层基础管理工作的有效措施。安全质量标准化是在继承以往质量标准化工作基础上不断创新、逐步发展完善形成的一套行之有效的安全质量管理体系和方法。深入持久地组织开展煤矿安全质量标准化建设是提升煤矿安全生产保障能力建设的有效措施，突出体现了安全生产基层、基础工作的重要地位，体现了全员、全过程、全方位安全管理和以人为本、科学发展的核心理念。近年来，各地区、各煤矿企业结合实际开展煤矿安全质量标准化工作，强化安全基础，提升安全保障能力，为促进全国煤矿安全生产状况稳定好转做出了贡献。各地区、各煤矿企业要进一步提高认识，增强责任感和使命感，加快完善与新要求、新任务相适应的煤矿安全质量标准化工作体系，精心组织，强力推进，把煤矿安全质量标准化工作深入持久地开展下去，为促进煤矿安全生产状况的持续稳定好转、进而实现根本好转奠定基础。

(2) 指导思想和工作目标

● 指导思想。以科学发展观为统领，坚持安全发展、以人为本，坚持“安全第一、预防为主、综合治理”的安全生产方针，进一步强化责任意识，加强全员、全过程、全方位的安全管理；通过深入持久地开展安全质量标准化，强化过程控制，切实加强基层、基础工作；逐步建立煤矿企业自我约束、持续改进的安全生产长效机制，从根本上促进煤矿安全状况持续稳定好转。

● 工作目标。到 2012 年年底，全国煤矿安全质量标准化达标率达到以下目标：大型煤矿（≥120 万吨/年）95％以上；中型煤矿

（120 万～30 万吨/年）80％以上；小型煤矿（≤30 万吨/年）60％以上。

（3）标准制定

● 标准适用范围。依法取得各种必备证照的生产矿井。新建、改扩建、技术改造、资源整合矿井竣工验收时必须达到安全质量标准化煤矿标准。

● 标准的主要内容。煤矿安全质量标准化标准包括必备条件和专业项目的基本要求等内容。

必备条件：依法取得“六证”（采矿许可证、煤矿安全生产许可证、煤炭生产许可证、矿长资格证、矿长安全资格证、营业执照）且合法有效的生产矿井；考核年度内实现安全考核目标，其中一级煤矿安全质量标准化矿井考核年度内未发生死亡事故；采掘关系正常；按规定建立健全瓦斯抽采系统，做到抽采平衡；监测监控系统可靠有效；按规定建立防治水、防灭火、防尘系统；未使用国家明令淘汰的采煤工艺和支护方式；无超层越界开采等违法违规行为。

专业项目的基本要求：必须包括采煤、掘进、机电、运输、通风、地测防治水、安全管理等专业项目。小型煤矿还必须增加地面设施专业项目。标准中应确定各专业项目的必备条件和考核内容。安全管理专业项目主要包括机构设置、人员配备、安全规章制度、安全费用提取及使用、隐患排查治理、应急预案、安全培训、调度通信等专项内容；地面设施专业项目主要指“两堂一舍”（即职工食堂、职工浴室和职工宿舍）及矿容矿貌。

● 标准制定。各产煤省（区、市）和新疆生产建设兵团负有煤矿安全质量标准化工作职责的部门（以下统称省级标准化工作部门），按照标准制定的依据、范围、内容，结合本地实际，组织制定本地区煤矿安全质量标准化标准，并报国家煤监局备案。中央企业煤矿按照属地管理的原则，执行所在省（区、市）的标准。露天煤矿标准由相关省（区、市）参照有关规定制定。

国家安监总局、国家煤监局将适时组织制定并发布国家级安全质量标准化煤矿考核办法。

(4) 考核评级

● 等级设定。安全质量标准化煤矿分为国家级、一级、二级、三级共四个等级。国家级安全质量标准化煤矿由国家煤监局负责评定，一级、二级、三级安全质量标准化煤矿由各省级标准化工作部门负责评定。省级标准化工作部门可采用综合评分的办法确定一级、二级、三级的最低得分；各专业项目应分别设定一、二、三级考评分数，根据各专业项目的重要程度合理确定在综合评分中的权重。

● 考评方式。安全质量标准化煤矿实行分级检查考评，可采取定期考评与动态抽检相结合的办法进行。各省级标准化工作部门每半年组织一次抽检，市（地）每季度组织一次抽检，集团公司（矿务局）每季度普查一次，矿每月进行一次全面检查。各等级抽检比例由各省级标准化工作部门确定。地方各级政府有关部门和煤矿企业要将安全质量标准化作为日常监督检查的重要内容，每次检查的资料、记录要及时存档，作为年终评级考核的依据。

● 考核定级。安全质量标准化煤矿按年度进行考核评级，按照企业申请、分级考评、检查认定的原则进行。具体的考核定级程序、权限和时间要求由各省级标准化工作部门负责制定并组织考核定级。中央企业所属煤矿的考核定级，按照属地管理的原则，一并纳入所在省（区、市、兵团）考核定级范围。

对中央企业的煤矿组织安全质量标准化考核定级时应会同煤矿上一级公司进行。

● 公布表彰。各省级标准化工作部门对考核认定的安全质量标准化煤矿要发布公告，公告期满没有异议的予以公布表彰。各省级标准化工作部门每年 1 月底前将上年考核认定的结果抄送省级煤矿安全监察机构，涉及中央企业煤矿的还应抄送有关中央企业总部。一级安全质量标准化煤矿名单报国家煤监局。

(5) 工作要求

在工作要求中，要求做到：统筹规划，完善标准；因地制宜，突出重点；分类指导，逐矿达标；加大投入，鼓励创新；注重实际，务求实效。标准化建设是一项长期持久的工作，要注重实际，把工作的重点放在现场，充分发挥区队、班组在安全质量标准化建设中的主导作用；要注重过程控制，坚决防止重考评、轻建设，重结果、轻过程，务求取得实效；坚决防止走形式、走过场、做表面文章。

(6) 主要措施

在主要措施中，要求做到：加强组织领导，狠抓责任落实；建立和完善工作体系；突出重点难点，狠抓关键环节；坚持“四个结合”，做到相互促进；建立激励约束机制；选树典型，加大宣传力度。

9.《国家级安全质量标准化煤矿考核办法（试行）》相关要点

2009 年 8 月 8 日，国家安监总局、国家煤监局下发《国家级安全质量标准化煤矿考核办法（试行）》（安监总煤行［2009］150 号，以下简称《考核办法》），自 2009 年 9 月 1 日起试行。制定《考核办法》的目的，是为了加快推进煤矿安全质量标准化工作深入开展，强化煤矿安全基层基础管理，全面落实科学发展观，贯彻“安全第一、预防为主、综合治理”的安全生产方针，夯实煤矿安全生产基础，进一步推进煤矿安全质量标准化工作深入开展，提升安全保障水平，促进煤矿安全生产状况持续稳定好转。

《考核办法》的主要内容有：

(1)《考核办法》适用范围

《考核办法》适用于依法取得“六证”（采矿许可证、煤矿安全生产许可证、煤炭生产许可证、矿长资格证、矿长安全资格证、营业执照）且在有效期内的生产煤矿（井工煤矿和露天煤矿）。

(2) **申报条件**

申报国家级安全质量标准化煤矿必须具备以下条件：

● 符合国家煤炭产业政策规定的区域煤矿生产规模。

● 连续两年被评为一级安全质量标准化煤矿。

● 连续两年未发生原煤生产死亡和重大涉险事故。

● 采掘机械化程度分别达到：井工煤矿采煤机械化程度，薄煤层不低于45%，中厚煤层、厚煤层不低于95%；掘进装载机械化程度不低于90%。露天煤矿采剥机械化程度100%。

● 生产布局合理，接续正常。开拓、准备、回采三个煤量可采期符合国家有关规定；采区和工作面开采顺序、采煤方法符合《煤矿安全规程》规定；井工煤矿采区和采煤工作面回采率、露天煤矿采出率符合国家规定。

● 调度通信、生产管理实现计算机网络化管理；矿井装备安全监控系统符合《煤矿安全监控系统及检测仪器使用管理规范》（AQ 1029—2007）规定。

● 建立健全劳动定员管理制度，矿井作业人员管理系统符合《煤矿井下作业人员管理系统使用与管理规范》（AQ 1048—2007）规定。

● 安全培训机构、人员、经费满足安全教育培训和提升职工专业素质需要，做到培训制度化；全员教育培训率达100%；主要负责人、安全生产管理人员、特种作业人员持证上岗率达100%。

● 井工煤矿按规定建立瓦斯抽采系统，抽采效果达到《煤矿瓦斯抽采基本指标》（AQ 1026—2006）规定；计划回采煤量未超过瓦斯抽采达标煤量。

● 未使用国家明令禁止的采煤工艺、支护方式和设备、材料；设备完好率达到95%及以上；无电气设备失爆。

● 严格按照核定（或设计）生产能力均衡生产。全年产量未超过核定生产能力。

● 安全费用提取、使用和管理符合《煤炭生产安全费用提取和使用管理办法》（财建［2004］119 号）和《关于调整煤炭生产安全费用提取标准加强煤炭生产安全费用使用管理与监督的通知》（财建［2005］168 号）规定。风险抵押金的存储和使用符合《煤矿企业安全生产风险抵押金管理暂行办法》（财建［2005］918 号）规定。

● 建立健全隐患排查和治理制度，能按照《安全生产事故隐患排查治理暂行规定》（国家安监总局令第 16 号）进行隐患排查和治理；治理重大隐患的资金和人力投入有保障，能按规定和时限要求完成治理。

(3) 考核相关规定

● 每年组织一次国家级安全质量标准化煤矿考核。

● 符合国家级安全质量标准化条件的煤矿，按行政隶属关系，分别向市（地、州、盟）负有煤矿安全质量标准化工作职责的部门（以下简称市级标准化工作部门）或集团公司申报；有关部门和集团公司按照《考核办法》规定进行审核，审核合格后，报省（区、市及新疆生产建设兵团）负有煤矿安全质量标准化工作职责的部门（以下简称省级标准化工作部门）。

● 各省级标准化工作部门接到申报材料后，按《考核办法》规定采取书面和现场抽查的方式进行审核，审核合格的，征求相关省级煤矿安全监察机构意见后，于每年的 2 月 15 日前将上一年度初审结果以正式文件（附申报表和相关材料）报国家煤监局。中央企业所属煤矿的申报，按照属地管理原则，一并纳入所在省（区、市）范围。省级标准化工作部门对中央企业所属煤矿组织国家级安全质量标准化现场抽查审核时，应会同该煤矿的上一级公司共同进行。

● 国家煤监局组织专家，采取书面审查与现场抽查相结合的方式，对各省级标准化工作部门上报的国家级安全质量标准化煤矿进行审核。

● 通过审核的煤矿，在国家安监总局、国家煤监局政府网站予以公示，广泛征求意见。公示时间为15天，公示期满无异议的，国家安监总局、国家煤监局予以命名表彰。

● 考核验收过程中发现存在重大安全生产隐患，以及审核、公示期间，申报煤矿发生死亡事故的，取消申报资格。

● 申报煤矿及其上级管理单位必须如实申报，如发现弄虚作假，除取消该矿当年申报资格外，3年内不得再次申报。

● 对国家级安全质量标准化煤矿，有关省级标准化工作部门、集团公司应给予适当奖励或相应的优惠政策。

● 各省级标准化工作部门可依据本办法，结合辖区实际情况，制定实施细则。

10.《关于进一步加强危险化学品企业安全生产标准化工作的通知》相关要点

2011年2月14日，国家安监总局印发《关于进一步加强危险化学品企业安全生产标准化工作的通知》（安监总管三［2011］24号）。该通知对进一步加强危险化学品企业（以下简称危化品企业）安全生产标准化工作，深入开展宣传和培训工作，全面开展危化品企业安全生产标准化工作，严格达标评审标准，规范达标评审和咨询服务工作等事项进行了说明，并提出要求。

（1）深入开展宣传和培训工作

● 各地区、各单位要有计划、分层次有序开展安全生产标准化宣传活动。大力宣传开展安全生产标准化活动的重要意义、先进典型、好经验和好做法，以典型企业和成功案例推动安全生产标准化工作；使危化品企业从业人员、各级安全监管人员准确把握危化品企业安全生产标准化工作的主要内容、具体措施和工作要求，形成安全监管部门积极推动、危化品企业主动参与的工作氛围。

● 各地区、各单位要组织专业人员讲解《企业安全生产标准化基本规范》（AQ/T 9006—2010，以下简称《基本规范》）和《危险化学品从业单位安全标准化通用规范》（AQ 3013—2008，以下简称

《通用规范》）两个安全生产标准，重点讲解两个规范的要素内涵及其在企业内部的实现方式和途径。开展培训工作，使危化品企业法定代表人等负责人、管理人员和从业人员正确理解开展安全生产标准化工作的重要意义、程序、方法和要求，提高开展安全生产标准化工作的主动性；使危化品企业安全生产标准化评审人员、咨询服务人员准确理解有关标准规范的内容，正确把握开展标准化的程序，熟练掌握开展评审和提供咨询的方法，提高评审工作质量和咨询服务水平；使基层安全监管人员准确掌握危化品企业安全生产标准化各项要素要求、评审标准和评审方法，提高指导和监督危化品企业开展安全生产标准化工作的水平。

（2）全面开展危化品企业安全生产标准化工作

● 现有危化品企业都要开展安全生产标准化工作。危化品企业开展安全生产标准化工作持续运行一年以上，方可申请安全生产标准化三级达标评审；安全生产标准化二级、三级危化品企业应当持续运行两年以上，并对照相关通用评审标准不断完善提高后，方可分别申请一级、二级达标评审。安全生产条件好、安全管理水平高、工艺技术先进的危化品企业，经所在地省级安全监管部门同意，可直接申请二级达标评审。危化品企业取得安全生产标准化等级证书后，发生死亡责任事故或重大爆炸泄漏事故的，取消该企业的达标等级。

● 新建危化品企业要按照《基本规范》《通用规范》的要求开展安全生产标准化工作，建立并运行科学、规范的安全管理工作体制机制。新设立的危化品生产企业自试生产备案之日起，要在一年内至少达到安全生产标准化三级标准。

● 提出危化品安全生产许可证或危化品经营许可证延期或换证申请的危化品企业，应达到安全生产标准化三级标准以上水平。对达到并保持安全生产标准化二级标准以上的危化品企业，可以优先依法办理危化品安全生产许可证或危化品经营许可证延期或换证手续。

● 危化品企业开展安全生产标准化工作要把全面提升安全生产水平作为主要目标，切实改变一些企业“重达标形式，轻提升过程”的现象；要按照国家安监总局、工业和信息化部《关于危险化学品企业贯彻落实〈国务院关于进一步加强企业安全生产工作的通知〉的实施意见》（安监总管三［2010］186 号）的要求，结合开展岗位达标、专业达标，在开展安全生产标准化过程中，注重安全生产规章制度的完善和落实，注重安全生产条件的不断改善，注重从业人员强化安全意识和遵章守纪意识、提高操作技能，注重培育企业安全文化，注重建立安全生产长效机制。通过开展安全生产标准化工作，使危化品企业防范生产安全事故的能力明显提高。

(3) 严格达标评审标准，规范达标评审和咨询服务工作

● 国家安监总局分别制定危化品企业安全生产标准化一级、二级、三级评审通用标准。三级评审通用标准是将危化品生产企业、经营企业安全许可条件，对照《基本规范》和《通用规范》的要求，逐要素细化为达标条件，作为危化品企业安全生产标准化评审标准。一级、二级评审通用标准是在下一级评审通用标准的基础上，按照逐级提高危化品生产企业、经营企业安全生产条件的要求制定的。各省级安全监管部门可根据本地区实际情况，结合本地区危化品企业的行业特点，制定安全生产标准化实施指南，对本地区危化品企业较为集中的特色行业的安全生产条件尤其是安全设施设备、工艺条件等硬件方面提出明确要求，使评审通用标准得以进一步细化和充实。

● 该通知印发前已经通过安全生产标准化达标考评并取得相应等级证书的危化品企业，要按照评审通用标准持续改进提高安全生产标准化水平，待原有等级证书有效期满时，再重新提出达标评审申请，原则上该通知印发前已取得安全生产标准化达标证书的危化品企业应首先申请三级标准化企业达标评审，已取得一级或二级安全生产标准化达标等级证书的危化品企业可直接申请二级标准化企业达标评审。

● 各级安全监管部门要加强监督和指导危化品企业安全生产标准化评审、咨询单位工作，督促评审、咨询单位建立并执行评审和咨询质量管理机制。评审单位、咨询单位要每半年向服务企业所在地的省级安全监管部门报告本单位开展危化品企业安全生产标准化评审、咨询服务的情况，及时向接受评审或咨询服务的企业所在地的市、县级安全监管部门报告企业存在的重大安全隐患。

11.《危险化学品从业单位安全标准化通用规范》相关要点

《危险化学品从业单位安全标准化通用规范》（AQ 3013—2008）由国家安监总局提出，由全国安全生产标准化技术委员会化学品安全分技术委员会归口。该通用规范明确了危险化学品从业单位开展安全标准化的总体原则、过程和要求，同时用于指导危险化学品从业单位安全标准化系列标准的编制与实施。

该通用规范规定了危险化学品从业单位（以下简称企业）开展安全标准化的总体原则、过程和要求，适用于中华人民共和国境内危险化学品生产、使用、储存企业及有危险化学品储存设施的经营企业，自 2009 年 1 月 1 日起实行。

该通用规范分为范围、规范性引用文件、术语和定义、要求、管理要素五章。其中，第四章“要求”、第五章“管理要素”为强制性条款。

（1）第四章“要求”的主要内容

1）概述

● 该通用规范采用计划（P）、实施（D）、检查（C）、改进（A）动态循环、持续改进的管理模式。

2）原则

● 企业应结合自身特点，依据该通用规范的要求，开展安全标准化。

● 安全标准化的建设，应当以危险、有害因素辨识和风险评价为基础，树立任何事故都是可以预防的理念，与企业其他方面的管理有机地结合起来，注重科学性、规范性和系统性。

● 安全标准化的实施，应体现全员、全过程、全方位、全天候的安全监督管理原则，通过有效方式实现信息的交流和沟通，不断提高安全意识和安全管理水平。

● 安全标准化采取企业自主管理、安全标准化考核机构考评、政府安全生产监督管理部门监督的管理模式，持续改进企业的安全绩效，实现安全生产长效机制。

3）实施

安全标准化的建立过程，包括初始评审、策划、培训、实施、自评、改进与提高六个阶段。

● 初始评审阶段：依据法律法规及该通用规范要求，对企业安全管理现状进行初始评估，了解企业安全管理现状、业务流程、组织机构等基本管理信息，发现差距。

● 策划阶段：根据相关法律法规及该通用规范的要求，针对初始评审的结果，确定建立安全标准化方案，包括资源配置、进度、分工等；进行风险分析；识别和获取适用的安全生产法律法规、标准及其他要求；完善安全生产规章制度、安全操作规程、台账、档案、记录等；确定企业安全生产方针和目标。

● 培训阶段：对全体从业人员进行安全标准化相关内容培训。

● 实施阶段：根据策划结果，落实安全标准化的各项要求。

● 自评阶段：应对安全标准化的实施情况进行检查和评价，发现问题，找出差距，提出完善措施。

● 改进与提高阶段：根据自评的结果，改进安全标准化管理，不断提高安全标准化实施水平和安全绩效。

(2) 第五章“管理要素”的主要内容

1）负责人与职责

● 负责人。企业主要负责人是本单位安全生产的第一责任人，应全面负责安全生产工作，落实安全生产基础和基层工作。企业主要负责人应组织实施安全标准化，建设企业安全文化。

● 方针目标。企业应坚持“安全第一，预防为主，综合治理”的安全生产方针。主要负责人应依据国家法律法规，结合企业实际，组织制定本企业的文件化的安全生产方针和目标。应有以下内容：

● 机构设置。企业应设置安委会或领导小组，设置安全生产管理部门或配备专职安全生产管理人员，并按规定配备注册安全工程师。企业应根据生产经营规模大小，设置相应的管理部门。企业应建立、健全从安委会或领导小组到基层班组的安全生产管理网络。

● 职责。企业应制定安委会或领导小组和管理部门的安全职责。企业应制定主要负责人、各级管理人员和从业人员的安全职责。企业应建立安全责任考核机制，对各级管理部门、管理人员及从业人员安全职责的履行情况和安全生产责任制的实现情况进行定期考核，予以奖惩。

● 安全生产投入及工伤保险。企业应依据国家、当地政府的有关安全生产费用提取规定，自行提取安全生产费用，专项用于安全生产。企业应依法参加工伤社会保险，为从业人员缴纳工伤保险费。

2）风险管理

● 范围与评价方法。企业应组织制定风险评价管理制度，明确风险评价的目的、范围和准则。

● 风险评价。企业应依据风险评价准则，选定合适的评价方法，定期和及时对作业活动和设备设施进行危险、有害因素识别和风险评价。企业在进行风险评价时，应从影响人、财产和环境三个方面的可能性和严重程度分析。

企业各级管理人员应参与风险评价工作，鼓励从业人员积极参与风险评价和风险控制。

● 风险控制。企业应根据风险评价结果及经营运行情况等，确定不可接受的风险，制定并落实控制措施，将风险尤其是重大风险控制在可以接受的程度。

企业应将风险评价的结果及所采取的控制措施对从业人员进行宣传、培训，使其熟悉工作岗位和作业环境中存在的危险、有害因素，掌握、落实应采取的控制措施。

● 隐患治理。企业应对风险评价出的隐患项目，下达隐患治理通知，限期治理，做到定治理措施、定负责人、定资金来源、定治理期限。企业应建立隐患治理台账。

● 重大危险源。企业应按照 GB 18218 辨识并确定重大危险源，建立重大危险源档案。

● 风险信息更新。企业应适时组织风险评价工作，识别与生产经营活动有关的危险、有害因素和隐患。

3）法律法规与管理制度

● 法律法规。企业应建立识别和获取适用的安全生产法律、法规、标准及其他要求管理制度，明确责任部门，确定获取渠道、方式和时机，及时识别和获取，定期更新。

企业应将适用的安全生产法律、法规、标准及其他要求及时对从业人员进行宣传和培训，提高从业人员的守法意识，规范安全生产行为。

企业应将适用的安全生产法律、法规、标准及其他要求及时传达给相关方。

● 符合性评价。企业应每年至少 1 次对适用的安全生产法律、法规、标准及其他要求的执行情况进行符合性评价，消除违规现象和行为。

● 安全生产规章制度。企业应制定健全的安全生产规章制度，至少包括下列内容：安全生产职责；识别和获取适用的安全生产法律法规、标准及其他要求；安全生产会议管理；安全生产费用；安全生产奖惩管理；管理制度评审和修订；安全培训教育；特种作业人员管理；管理部门、基层班组安全活动管理；风险评价；隐患治理；重大危险源管理；变更管理；事故管理；防火、防爆管理，包括禁烟管理；消防管理；仓库、罐区安全管理；关键装置、重点部位安全管理；生产设施管理，包括安全设施、特种设备等管理；监视和测量设备管理；安全作业管理，包括动火作业、进入受限空间作业、临时用电作业、高处作业、起重吊装作业、破土作业、断路作业、设备检维修作业、高温作业、抽堵盲板作业管理等；危险化学品安全管理，包括剧毒化学品安全管理及危险化学品储存、出入库、运输、装卸等；检维修管理；生产设施拆除和报废管理；承包商管理；供应商管理；职业卫生管理，包括防尘、防毒管理；劳动防护用品（具）和保健品管理；作业场所职业危害因素检测管理；应急救援管理；安全检查管理；自评等。

企业应将安全生产规章制度发放到有关的工作岗位。

● 操作规程。企业应根据生产工艺、技术、设备设施特点和原材料、辅助材料、产品的危险性，编制操作规程，并发放到相关岗位。

企业应在新工艺、新技术、新装置、新产品投产或投用前，组织编制新的操作规程。

● 修订。企业应明确评审和修订安全生产规章制度和操作规程的时机和频次，定期进行评审和修订，确保其有效性和适用性。企业应保证使用最新有效版本的安全生产规章制度和操作规程。

4）培训教育

● 培训教育管理。企业应严格执行安全培训教育制度，依据国家、地方及行业规定和岗位需要，制定适宜的安全培训教育目标和要求。根据不断变化的实际情况和培训目标，定期识别安全培训教育需求，制定并实施安全培训教育计划。

● 管理人员培训教育。企业主要负责人和安全生产管理人员应接受专门的安全培训教育，经安全生产监管部门对其安全生产知识和管理能力考核合格，取得安全资格证书后方可任职，并按规定参加每年再培训。

● 从业人员培训教育。企业应对从业人员进行安全培训教育，并经考核合格后方可上岗。从业人员每年应接受再培训，再培训时间不得少于国家或地方政府规定学时。

企业特种作业人员应按有关规定参加安全培训教育，取得特种作业操作证后方可上岗作业，并定期复审。

企业从事危险化学品运输的驾驶员、船员、押运人员，必须经所在地设区的市级人民政府交通部门考核合格（船员经海事管理机构考核合格），取得从业资格证后方可上岗作业。

企业应在新工艺、新技术、新装置、新产品投产前，对有关人员进行专门培训，经考核合格后方可上岗。

● 新从业人员培训教育。企业应按有关规定，对新从业人员进行厂级、车间（工段）级、班组级安全培训教育，经考核合格后方可上岗。企业新从业人员安全培训教育时间不得少于国家或地方政府规定学时。

● 其他人员培训教育。企业从业人员转岗、脱离岗位一年以上（含一年）者，应进行车间（工段）、班组级安全培训教育，经考核合格后方可上岗。

企业应对外来参观、学习等人员进行有关安全规定及安全注意事项的培训教育。

企业应对承包商的作业人员进行入厂安全培训教育，经考核合格发放入厂证，保存安全培训教育记录。进入作业现场前，作业现场所在基层单位应对施工单位的作业人员进行进入现场前安全培训教育，保存安全培训教育记录。

● 日常安全教育。企业管理部门、班组应按照月度安全活动计划开展安全活动和基本功训练。

5）生产设施建设及工艺安全

● 生产设施建设。企业应确保建设项目安全设施与建设项目的主体工程同时设计、同时施工、同时投入生产和使用。

● 安全设施。企业应严格执行安全设施管理制度，建立安全设施台账。企业应确保安全设施配备符合国家有关规定和标准。

● 特种设备。企业应按照《特种设备安全监察条例》管理规定，对特种设备进行规范管理。企业应建立特种设备台账和档案。

● 工艺安全。企业操作人员应掌握工艺安全信息，主要包括：化学品危险性信息、工艺信息、设备信息。

企业生产装置停车应满足下列要求：编制停车方案；操作人员能够按停车方案和操作规程进行操作。

企业生产装置紧急情况处理应遵守下列要求：发现或发生紧急情况，应按照不伤害人员为原则，妥善处理，同时向有关方面报告；工艺及机电设备等发生异常情况时，采取适当的措施，并通知有关岗位协调处理，必要时，按程序紧急停车。

企业操作人员应严格执行操作规程，对工艺参数运行出现的偏离情况及时分析，保证工艺参数控制不超出安全限值，偏差及时得到纠正。

● 关键装置及重点部位。企业应加强对关键装置、重点部位安全管理，实行企业领导干部联系点管理机制。

企业应建立关键装置、重点部位档案，建立企业、管理部门、基层单位及班组监控机制，明确各级组织、各专业的职责，定期进行监督检查，并形成记录。

企业应制定关键装置、重点部位应急预案，至少每半年进行一次演练，确保关键装置、重点部位的操作、检修、仪表、电气等人员能够识别和及时处理各种事件及事故。

● 检维修。企业应严格执行检维修管理制度，实行日常检维修和定期检维修管理。

● 拆除和报废。企业应严格执行生产设施拆除和报废管理制度。

拆除作业前，拆除作业负责人应与需拆除设施的主管部门和使用单位共同到现场进行对接，作业人员进行危险、有害因素识别，制订拆除计划或方案，办理拆除设施交接手续。

6）作业安全

● 作业许可。企业应对下列危险性作业活动实施作业许可管理，严格履行审批手续，各种作业许可证中应有危险、有害因素识别和安全措施内容：动火作业；进入受限空间作业；破土作业；临时用电作业；高处作业；断路作业；吊装作业；设备检修作业；抽堵盲板作业；其他危险性作业。

● 警示标志。企业应按照《安全标志使用导则》（GB 16179—1996）规定，在易燃、易爆、有毒有害等危险场所的醒目位置设置符合《安全标志及其使用导则》（GB 2894—2008）规定的安全标志。

● 作业环节。企业应在危险性作业活动作业前进行危险、有害因素识别，制订控制措施。在作业现场配备相应的安全防护用品（具）及消防设施与器材，规范现场人员作业行为。

● 承包商与供应商。企业应严格执行承包商管理制度，对承包商资格预审、选择、开工前准备、作业过程监督、表现评价、续用等过程进行管理，建立合格承包商名录和档案。企业应与选用的承包商签订安全协议书。

企业应严格执行供应商管理制度，对供应商资格预审、选用和续用等过程进行管理，并定期识别与采购有关的风险。

● 变更。企业应严格执行变更管理制度，履行变更程序。企业应对变更过程中产生的风险进行分析和控制。

7）产品安全与危害告知

● 危险化学品档案。企业应对所有危险化学品（包括产品、原料和中间产品）进行普查，建立危险化学品档案。

● 化学品分类。企业应按照国家有关规定对其产品、所有中间产品进行分类，并将分类结果汇入危险化学品档案。

● 化学品安全技术说明书和安全标签。生产企业的产品属危险化学品时，应按 GB 16483 和 GB 15258 编制产品安全技术说明书和安全标签，并提供给用户。

企业采购危险化学品时，应索取危险化学品安全技术说明书和安全标签，不得采购无安全技术说明书和安全标签的危险化学品。

● 化学事故应急咨询服务电话。生产企业应设立 24 小时应急咨询服务固定电话，有专业人员值班并负责相关应急咨询。没有条件设立应急咨询服务电话的，应委托危险化学品专业应急机构作为应急咨询服务代理。

● 危险化学品登记。企业应按照有关规定对危险化学品进行登记。

● 危害告知。企业应以适当、有效的方式对从业人员及相关方进行宣传，使其了解生产过程中危险化学品的危险特性、活性危害、禁配物等，以及采取的预防及应急处理措施。

8）职业危害

● 职业危害申报。企业如存在法定职业病目录所列的职业危害因素，应按照国家有关规定，及时、如实向当地安全生产监督管理部门申报，接受其监督。

● 作业场所职业危害管理。企业应制订职业危害防治计划和实施方案，建立、健全职业卫生档案和从业人员健康监护档案。

企业应确保使用有毒物品作业场所与生活区分开，作业场所不得住人；应将有害作业与无害作业分开，高毒作业场所与其他作业场所隔离。

企业应在可能发生急性职业损伤的有毒有害作业场所按规定设置报警设施、冲洗设施、防护急救器具专柜，设置应急撤离通道和必要的泄险区，定期检查，并记录。

企业应严格执行生产作业场所职业危害因素检测管理制度，定期对作业场所进行检测，在检测点设置标识牌，告知检测结果，并将检测结果存入职业卫生档案。

企业不得安排未经职业健康检查的从业人员从事接触职业病危害的作业；不得安排有职业禁忌的从业人员从事禁忌作业。

● 劳动防护用品。企业应根据接触危害的种类、强度，为从业人员提供符合国家标准或行业标准的个体防护用品和器具，并监督、教育从业人员正确佩戴、使用。

企业各种防护器具应定点存放在安全、方便的地方，并有专人负责保管、检查，定期校验和维护，每次校验后应记录、铅封。

企业应建立职业卫生防护设施及个体防护用品管理台账，加强对劳动防护用品使用情况的检查监督，凡不按规定使用劳动防护用品者不得上岗作业。

9）事故与应急

● 事故报告。企业应明确事故报告程序。发生生产安全事故后，事故现场有关人员除立即采取应急措施外，应按规定和程序报告本单位负责人及有关部门。情况紧急时，事故现场有关人员可以直接向事故发生地县级以上人民政府安全生产监督管理部门和负有安全生产监督管理职责的有关部门报告。

企业负责人接到事故报告后，应当于 1 小时内向事故发生地县级以上人民政府安全生产监督管理部门和负有安全生产监督管理职责的有关部门报告。

企业在事故报告后出现新情况时，应按有关规定及时补报。

● 抢险与救护。企业发生生产安全事故后，应迅速启动应急救援预案，企业负责人直接指挥，积极组织抢救，妥善处理，以防止事故的蔓延扩大，减少人员伤亡和财产损失。安全、技术、设备、动力、生产、消防、保卫等部门应协助做好现场抢救和警戒工作，保护事故现场。

企业发生有害物大量外泄事故或火灾爆炸事故应设警戒线。

企业抢救人员应佩戴好相应的防护器具，对伤亡人员及时进行抢救处理。

● 事故调查和处理。企业发生生产安全事故后，应积极配合各级人民政府组织的事故调查，负责人和有关人员在事故调查期间不得擅离职守，应当随时接受事故调查组的询问，如实提供有关情况。

未造成人员伤亡的一般事故，县级人民政府委托企业负责组织调查的，企业应按规定成立事故调查组组织调查，按时提交事故调查报告。企业应落实事故整改和预防措施，防止事故再次发生。

● 应急指挥与救援系统。企业应建立应急指挥系统，实行分级管理，即厂级、车间级管理。企业应建立应急救援队伍，明确各级应急指挥系统和救援队伍的职责。

● 应急救援器材。企业应按国家有关规定，配备足够的应急救援器材，并保持完好。企业应建立应急通信网络，保证应急通信网络的畅通。企业应为有毒有害岗位配备救援器材柜，放置必要的防护救护器材，进行经常性的维护保养并记录，保证其处于完好状态。

● 应急救援预案与演练。企业宜按照《生产经营单位安全生产事故应急救援预案编制导则》（AQ/T 9002—2006），根据风险评价的结果，针对潜在事件和突发事故，制定相应的事故应急救援预案。

企业应组织从业人员进行应急救援预案的培训，定期演练，评价演练效果，评价应急救援预案的充分性和有效性，并形成记录。

企业应定期评审应急救援预案，尤其在潜在事件和突发事故发生后。

企业应将应急救援预案报当地安全生产监督管理部门和有关部门备案，并通报当地应急协作单位，建立应急联动机制。

10）检查与自评

● 安全检查。企业应严格执行安全检查管理制度，定期或不定期地进行安全检查，保证安全标准化有效实施。企业安全检查应有明确的目的、要求、内容和计划。各种安全检查均应编制安全检查表，安全检查表应包括检查项目、检查内容、检查标准或依据、检查结果等内容。

● 安全检查形式与内容。企业应根据安全检查计划，开展综合性检查、专业性检查、季节性检查、日常检查和节假日检查；各种安全检查均应按相应的安全检查表逐项检查，建立安全检查台账，并与责任制挂钩。

● 整改。企业应对安全检查所查出的问题进行原因分析，制订整改措施，落实整改时间、责任人，并对整改情况进行验证，保存相应记录。

● 自评。企业应每年至少一次对安全标准化运行进行自评，提出进一步完善安全标准化的计划和措施。

12.《危险化学品从业单位安全生产标准化评审标准》相关要点

2011 年 6 月 20 日，国家安监总局印发《危险化学品从业单位安全生产标准化评审标准》（安监总管三［2011］93 号，以下简称《评审标准》），要求各省、自治区、直辖市及新疆生产建设兵团安全生产监督管理局以及有关中央企业，宣传学习和严格落实《评审标准》。

（1）申请安全生产标准化三级企业达标评审的条件

● 已依法取得有关法律、行政法规规定的相应安全生产行政许可；

● 已开展安全生产标准化工作 1 年（含）以上，并按规定进行自评，自评得分在 80 分（含）以上，且每个 A 级要素自评得分均在 60 分（含）以上；

● 至申请之日前 1 年内未发生人员死亡的生产安全事故或者造成 1 000 万元以上直接经济损失的爆炸、火灾、泄漏、中毒事故。

（2）申请安全生产标准化二级企业达标评审的条件

● 已通过安全生产标准化三级企业评审并持续运行 2 年（含）以上，或者安全生产标准化三级企业评审得分在 90 分（含）以上，并经市级安全监管部门同意，均可申请安全生产标准化二级企业评审；

● 从事危险化学品生产、储存、使用（使用危险化学品从事生产并且使用量达到一定数量的化工企业）、经营活动 5 年（含）以上且至申请之日前 3 年内未发生人员死亡的生产安全事故，或者 10 人以上重伤事故，或者 1 000 万元以上直接经济损失的爆炸、火灾、泄漏、中毒事故。

(3) 申请安全生产标准化一级企业达标评审的条件

● 已通过安全生产标准化二级企业评审并持续运行 2 年（含）以上，或者装备设施和安全管理达到国内先进水平，经集团公司推荐、省级安全监管部门同意，均可申请一级企业评审；

● 至申请之日前 5 年内未发生人员死亡的生产安全事故（含承包商事故），或者 10 人以上重伤事故（含承包商事故），或者 1 000 万元以上直接经济损失的爆炸、火灾、泄漏、中毒事故（含承包商事故）。

(4) 有关工作要求

● 深入宣传和学习《评审标准》。各地区、各单位要加大《评审标准》宣传贯彻力度，使各级安全监管人员、评审人员、咨询人员和从业人员准确把握《评审标准》的基本内容和应用方法；要把宣传贯彻《评审标准》作为危险化学品企业提高安全生产标准化工作水平的有力工具，以及安全监管部门推动企业落实安全生产主体责任的有效手段。

● 及时充实完善《评审标准》。考虑到各地区危险化学品安全监管工作的差异性和特殊性，《评审标准》把最后一个要素设置为开放要素，由各地区结合本地实际进行充实。各省级安全监管局要根据本地区危险化学品行业特点，将本地区关于安全生产条件尤其是安全设备设施、工艺条件等方面的有关具体要求纳入其中，形成地方特殊要求。

● 严格落实《评审标准》。《评审标准》是考核危险化学品企业安全生产标准化工作水平的统一标准。企业要按照《评审标准》的要求，全面开展安全生产标准化工作。评审单位和咨询单位要严格按照《评审标准》开展安全生产标准化评审和咨询指导工作，提高服务质量。各级安全监管人员要依据《评审标准》对企业进行监管和指导，规范监管行为。

13.《关于全面开展烟花爆竹企业安全生产标准化工作的通知》相关要点

2011年9月27日，国家安监总局下发《关于全面开展烟花爆竹企业安全生产标准化工作的通知》（安监总管三［2011］151号，以下简称《通知》）。《通知》指出：为认真贯彻落实《国务院关于进一步加强企业安全生产工作的通知》（国发［2010］23号）精神，全面推进烟花爆竹生产经营企业（以下简称烟花爆竹企业）安全生产标准化工作，依据《国务院安委会关于深入开展企业安全生产标准化建设的指导意见》（安委［2011］4号）和《企业安全生产标准化基本规范》（AQ/T 9006）、《烟花爆竹工程设计安全规范》（GB 50161）、《烟花爆竹作业安全技术规程》（GB 11652）等有关标准和规范性文件，国家安监总局制定了《烟花爆竹企业安全生产标准化评审办法》（以下简称《评审办法》）和《烟花爆竹生产企业安全生产标准化评审标准》《烟花爆竹经营企业安全生产标准化评审标准》（以下统称《评审标准》），要求各省、市、自治区安监部门认真贯彻执行，全面开展烟花爆竹企业安全生产标准化工作。

《通知》内容分为五个部分，各部分内容要点如下：

（1）加强组织领导，建立完善烟花爆竹企业安全生产标准化组织实施体系

各级安全监管部门和烟花爆竹企业要高度重视烟花爆竹安全生产标准化工作，结合本地区、本单位的实际，建立组织机构，明确工作职责。各级安全监管部门要成立安全生产标准化工作领导小组，指导、督促本地区烟花爆竹企业安全生产标准化工作。省级安全监管部门要认真研究确定本地区烟花爆竹企业安全生产标准化评审组织单位，尽快建立并不断完善烟花爆竹企业安全生产标准化评审体系。烟花爆竹企业要成立以法定代表人为第一责任人的安全生产标准化工作机构，建立有效的运行机制，认真组织开展安全生产标准化工作。

(2) 明确工作目标，制定并实施烟花爆竹企业安全生产标准化工作方案

现有烟花爆竹企业在2012年年底前原则上都要实现安全生产标准化达标，今后新建烟花爆竹企业取得相关许可证后一年内应实现达标；至“十二五”末，力争20%以上烟花爆竹生产企业达到安全生产标准化二级企业以上标准，30%以上烟花爆竹经营企业达到安全生产标准化二级企业以上标准。各级安全监管部门要根据本地区烟花爆竹企业现状，制定切实可行的烟花爆竹企业安全生产标准化工作方案，并认真组织实施，确保按期实现工作目标。烟花爆竹企业要根据本企业实际，制定安全生产标准化工作方案和达标计划时间表，并认真组织落实，确保在规定时限内达标。

(3) 认真组织宣贯，正确理解和把握《评审办法》和《评审标准》相关内容

国家安监总局将组织对省级安全监管部门、重点产区市、县级安全监管部门以及安全生产标准化一级企业评审单位的有关人员进行《评审办法》和《评审标准》的宣贯和培训。各级安全监管部门要在认真学习、准确掌握《评审办法》和《评审标准》的基础上，组织对本地区烟花爆竹安全生产标准化评审组织单位和评审单位的主要负责人、评审人员，以及所有烟花爆竹企业的主要负责人、分管负责人和自评人员进行宣贯和培训。安全生产标准化评审组织单位和评审单位要对每一名参与评审的工作人员进行系统培训，确保在评审工作中熟练掌握、准确把握《评审标准》。烟花爆竹企业要有针对性地对安全生产标准化组织机构人员、相关管理人员和全体从业人员进行安全生产标准化培训，提高全员对这项工作的重视程度和认识水平，掌握安全生产标准化基本知识和有关要求，为开展好安全生产标准化工作和企业自评奠定基础。

(4) 加强监管和指导，确保烟花爆竹企业安全生产标准化工作质量

各级安全监管部门要加强对烟花爆竹企业安全生产标准化评审组织单位和评审单位的指导和监督，督促其加强技术专家队伍建设，建立评审质量管理机制，提高评审组织能力和评审工作水平，确保安全生产标准化工作质量；对烟花爆竹企业要进行分类指导，组织评审组织单位和评审单位等技术咨询服务机构对企业开展必要的咨询服务，引导企业把着力点放在改善安全生产基础、规范安全生产行为、提高安全管理水平上，注重工作实效，严防走过场、走形式。

(5) 采取相关配套措施，全面促进烟花爆竹企业安全生产标准化工作

一是将烟花爆竹企业安全生产标准化工作与行政许可等工作相结合。对达到安全生产标准化二级以上的企业，给予优先审批新（改、扩）建项目等扶持鼓励政策。对在规定时限内标准化未达标和被撤销标准化达标等级的企业，依法责令停产停业整顿，限期整改；逾期仍不达标的，依法吊销安全生产许可或经营许可证，并提请当地政府予以关闭。二是会同有关部门研究将烟花爆竹企业安全生产标准化达标情况作为企业信贷、保险、投融资和评先推优等的重要参考依据。三是安全生产条件好、安全管理水平高的企业，在安全生产标准化工作持续运行一年后，经所在地设区的市级安全监管部门同意，可直接申请二级达标评审。四是做好与近年来安全生产标准化工作的衔接，对已经按照《烟花爆竹生产经营企业安全生产标准化考评办法（试行）》和《烟花爆竹生产经营企业安全生产标准化规范（试行）》（安监总危化［2007］81号）组织开展安全生产标准化并取得安全生产标准化二级企业证书的企业，视同新标准的标准化三级企业管理，待有效期满后按照新的《评审标准》进行评审。

企业开展安全生产标准化建设相关政策法规评述

安全生产标准是国家、行业制定的安全生产基础和工作规范，目的是为了使安全生产工作系统化、规范化、标准化。实践证明，推行安全生产标准化工作是落实企业安全生产主体责任、加强安全生产“双基”工作、提高安全生产管理水平、有效预防事故的长效机制建设，也是加强安全监管工作的重要抓手。

(1) 开展安全生产标准化工作取得的成效

自2004年以来，按照国家安监总局的部署和要求，全国工贸企业安全生产标准化工作走过了由局部试点到全面推开、由摸索经验到制定规范、由总结经验到全面指导的过程，取得了明显成效，主要表现在以下五个方面：一是建立了企业安全生产标准化的工作机制；二是初步形成了企业安全生产标准化标准体系；三是培育了一支推动开展企业安全生产标准化工作的骨干力量；四是建立和运行了企业安全生产标准化管理系统；五是积极推动工贸企业全面开展安全生产标准化工作。截至2010年年底，全国工贸行业达到三级以上安全标准的企业有2 939家，其中冶金161家，机械2 778家。我国危险化学品和烟花爆竹行业安全生产标准化标准规范体系也初步建立，已有1 206家烟花爆竹生产和批发企业、5 518家危险化学品生产和经营企业通过安全生产标准化达标评审。这些企业作为行业领先者，在标准化建设方面发挥了引领和示范作用。

(2) 推行安全生产标准化工作由自愿开展变为“强制”

2010年7月19日，国务院下发的《关于进一步加强企业安全生产工作的通知》(以下简称《通知》)第7条进一步强调：“全面开展安全达标。深入开展以岗位达标、专业达标和企业达标为内容的安全生产标准化建设，凡在规定时间内未实现达标的企业要依法暂扣其生产许可证、安全生产许可证，责令停产整顿；对整改逾期未达标的，地方政府要依法予以关闭。”《通知》还要求：“……对当地企业包括中央、省属企业实行严格的安全生产监督检查和管理，组织对企业安全生产状况进行安全标准化分级考核评价，评价结果向社会公开……作为企业信用评级的重要参考依据。”《通知》的出台，为企业开展安全生产标准化工作提供了法律依据，将推行安全生产标准化工作由原来的自愿开展变为“强制”，对全面开展安全生产标准化工作起到了巨大的推动作用。

国家安监总局一直重视和强调安全生产标准化建设工作，并把安全生产标准化建设工作纳入到“三深化”“三推进”的重点内容。从2011年起，全国工矿商贸和交通运输企业普遍开展以“企业达标升级”为主要内容的安全生产标准化创建工作，从班组和岗位安全生产标准化这个基点抓起，推动专业和企业达标，把企业安全生产纳入制度化、规范化轨道。同时，要求危险化学品企业必须在2012年年底前，煤矿等其他高危行业企业必须在2011年年底前达到三级以上安全生产标准化水平，重点企业要达到一级标准。冶金、机械等其他企业必须制定达标规划，确保3年内全部达标，逾期不达标的要依法停产整顿直至依法关闭。

(3) 按照《基本规范》要求推进安全生产标准化建设

2010年4月15日，国家安监总局颁布了《企业安全生产标准化基本规范》(AQ/T 9006—2010)，在此之前，还颁布了《危险化学品从业单位安全标准化通用规范》(AQ 3013—2008)。这两个安全生产标准，重点诠释了标准化的要素内涵及其在企业内部的实现方式和途径，规定了危险化学品生产、使用、储存企业及有危险化学品储存设施的经营企业开展安全标准化的总体原则、过程和要求。国家安监总局还将颁布其他相关文件，指导企业全面开展安全生产标准化工作的宣传和培训，严格标准化达标评审标准和规范达标评审工作，对规范和加强评审、咨询活动的监督、提高安全监管执法水平等关键环节作出规定。这些都为推进企业安全标准化奠定了基础。

指导和推动企业开展安全生产标准化工作的根本目的，就是全面贯彻落实党和国家安全生产的方针政策，严格遵守和执行国家有关安全生产的法律法规和政策，提高企业安全生产的保障能力，使企业在装备、管理和人员素质三个方面得到全方位提升，减少事故的发生。

按照国务院《关于进一步加强企业安全生产工作的通知》精神，国家安监总局各有关司局将继续不断完善相关行业安全生产标准化考评办法、评定标准、相关程序等，特别是要组织做好安全生产标准化相关行业评定标准的宣贯、经验交流、技术咨询等工作，进一步推动岗位达标、专业达标和企业达标。企业则需要按照《企业安全生产标准化基本规范》的要求，推进安全管理、现场作业、设备设施、人员培训、绩效考核等系统化、规范化建设，扩大安全生产标准化的覆盖面，提高达标比例和达标等级，继续推进安全生产标准化工作。

二、企业开展安全生产标准化建设的做法与经验

企业如同人一样，人有童年、少年、青年、壮年以及老年时期，企业有创立建设、成长上升、发展稳定、老化衰落等不同的发展阶段。针对企业的不同发展阶段、不同时期的特点，不断地给企业注入活力，增强企业的生命力，是很有必要的。而开展安全生产标准化活动，就是给企业注入活力、增强生命力的一种很好的方法。

按照安全生产标准化的要求，企业在管理标准化、设施设备本质安全化、作业活动规范化、生产条件安全舒适化等方面，有大量工作要做。只有不断改善，使物态符合相关的安全标准，员工行为逐渐符合行为准则和养成良好习惯，企业的安全生产才能真正实现。在此，主要介绍钢铁有色企业、机械制造企业、化工企业、煤矿企业以及其他企业开展安全生产标准化的做法与经验。这些做法和经验，从不同的角度，提供了丰富的借鉴资料。

（一）钢铁、有色金属企业开展安全生产标准化建设的做法与经验

1. 武汉钢铁（集团）公司推进安全生产标准化建设层层细化的做法

武汉钢铁（集团）公司（以下简称“武钢集团”）是新中国成立后兴建的第一个特大型钢铁联合企业，1958 年 9 月建成投产，拥有从矿山采掘、炼焦、炼铁、炼钢、轧钢及配套设施等一整套先进的钢铁生产工艺设备，是我国重要的优质板材生产基地。

武钢集团于 2008 年开始全面推进安全生产标准化建设活动，从管理标准化、现场标准化、岗位标准化三个标准化入手，采取层层细化的做法，不断深入。在具体实施过程中，围绕管理标准化、现

场标准化、岗位标准化这三个标准化，制定下发具体细致的实施方案，将公司的安全生产标准化建设分 4 个阶段推进：2008 年为安全生产标准化全面推广年，2009 年为深化年，2010 年为巩固年，2011 年为提升年，并制定了安全生产标准化建设考核标准及考评办法。

(1) 武钢集团在安全生产标准化建设上采取层层细化的做法：

1）实施管理标准化

安全生产水平是企业整体管理水平的综合反映。武钢集团将管理标准化作为整个标准化工作的基础，从安全生产方针目标制定、安全管理机构、安全管理制度、安全教育培训、危险辨识与控制、安全检查与考核、事故应急与管理、劳务工与外协队伍等 13 个方面将各级各部门的安全生产责任落实到具体工作流程中，各负其责，分工协作，综合治理，齐抓共管，推进职能部门安全责任的落实，实现安全生产效能的最大化。

在具体实施中，武钢集团将标准化工作细分为安全管理制度、危险辨识与控制、隐患排查与整改、生产安全事故与应急管理、建设工程与检修工程安全、现场安全设施、检修作业安全等 25 个一级要素和 123 个二级要素，要求各单位从安全方针目标的确定、各项安全管理制度的制定、日常安全管理的过程控制等各环节都必须符合国家法规、规程、技术标准的要求，避免因管理失误和缺陷造成事故。

为推进安全生产的规范管理、系统管理，武钢集团进一步加强安全管理制度建设工作，对现行管理制度进行了系统修订，如制定和修订《危险作业管理办法》《受限空间安全管理规定》等，加强对易燃易爆区域动火、登高、起重吊装、挖掘、能源介质停送、受限空间等危险作业所存在风险的系统控制和过程监管，确保生产区域内的安全。由此，形成了较为系统、完善的安全生产制度体系，做到安全生产事事有制度管理，人人按制度办事。

2）推行现场标准化

武钢集团要求各级单位对照国家相应的职业安全卫生规程、标准，并按照安全生产现场标准化的7个一级要素（安全过桥、通道、走梯、平台、栏杆安全、煤气安全、现场设备安全等）和50个二级要素的运行标准执行，开展对现场设备设施、安全保障措施、现场作业环境、安全警示标示、作业安全防护等方面的系统排查和综合整治。同时以现场标准化为前提，着力加大安全资金、科技投入，改善现场作业条件，为安全生产创造有利的外在条件。

武钢集团将事故隐患的排查治理纳入日常安全生产管理中，对事故隐患的检查与整改实行4个层次的管理（即公司级、厂矿级、车间级、班组级），坚持“四定三不交”的原则（即定项目、定措施、定责任人、定完成时间；班组能整改的不交车间，车间能整改的不交厂矿，厂矿能整改的不交公司）和“谁管理、谁负责”的原则，深入抓好作业现场的事故隐患排查整改。先后组织开展对公司所有炼钢厂吊运液态金属冶金行车的专项检查，确保所有行车符合国家规范要求；对液态金属罐运行沿线区域的设备设施、建筑物等进行清理和隐患排查整改，用耐火砖砌筑防火墙；对建筑物钢结构立柱，做好事故防范工作；对现场安全防护设施及警示标识配备情况进行全面清查与完善，共排查整改旋转、传动区域，高温熔融金属吊运，电力管线，煤气、氧气、氮气等危险介质区域的安全防护设施隐患4 758项，配备完善重点危险区域安全警示标识21 529块，极大地改善了现场作业环境。2008年，武钢集团累计排查整改各类事故隐患13 667项；2009年，排查整改各类事故隐患15 164项；2010年，排查整改各类事故隐患13 209项，提升了现场本质安全水平。

此外，武钢集团进一步完善了安全生产费用提取和使用管理制度，为现场标准化工作的推进提供资金保障，为此制定了《安全生产费用管理规定》，对安全生产费用的使用范围、提取比例、规范使用等进行了规定。2008年，安全生产专项费用的投入达2.8亿元；

2009年，安全生产专项费用的投入达2.07亿元，实现安全生产费用的先提后用、专款专用，确保安全生产投入落实到位。有了资金保障，武钢集团加大了生产现场安全新技术的科研攻关和推广应用的力度，不断提高设备设施本质安全水平。比如，在烧结原料区域推广使用料仓空气动力清堵安全装置；在起重机械上安装不同类型的防撞装置；在所有井下载人提升系统安装防过卷、防坠装置；安装使用皮带机全封闭隔离栏；在厂区主要路段区域建立煤气泄漏监测报警系统；在井下提升机、炸药库安装工业视频监控系统；引进并推广井下移动目标监测定位系统；应用天车地面遥控指挥系统，减少职业伤害。2010年，武钢集团新增安全视频监控点297个，加大对危险区域、偏远区域的现场安全视频监控，拓展了安全监控的时间和空间，增强了安全监管力度。

3）落实岗位标准化

武钢集团在推进实施安全生产标准化工作中，全面启动并完成了岗位安全作业指导书的制修订工作，做到覆盖所有作业、所有岗位，实现岗位安全操作标准化。岗位安全作业指导书根据具体的岗位（或工序）的工作内容和工艺要求，以及岗位（或工序）存在的危险、危害因素，可能产生的突发性危害事件，为确保人身与设备安全而明确规定操作者执行的作业程序和步骤，制定出每一个动作的安全操作要点，使操作者按规范进行工作，远离事故伤害。

岗位安全标准化作业指导书主要包括3方面的内容：一是辨识作业场所的危险、危害因素和突发性事件；二是分析岗位作业流程，依据本岗位存在的危险、危害因素具体规定每一个动作应该怎样做，怎样做得更好、更安全；三是对突发性事件（包括对人、设备或建筑物等可能导致的危害）采取安全、可靠的措施，保障作业人员安全或者伤害最小化。

在武钢集团炼钢总厂炼钢工安全作业指导书中，作业内容包括了加废钢、兑铁、下枪吹炼、倒炉测温取样，出钢、渣车、钢包车运行，开机械打炉口、下出钢口，开炉、停炉、停产检修、复产，检修清渣，异常状态下事故处理，设备突发事件处理等。炼钢工在作业前要做到：对行走路面上的车辆和上方行车吊物运行状况确认、避让；兑铁加废钢前注意站位；倒炉前确认渣道、渣罐有无积水，渣道有无障碍物和人，烟罩炉口等有无漏水；对氧枪喷头、水量进行确认，更换出钢口前对机械检查确认；出钢时关好挡火门，选择安全站位；洗炉倒渣前，确认倒炉正前方及两侧危险区域有无人员和车辆在作业、行走、停留。

(2) 安全生产标准化建设取得的成效

武钢集团每年度严格按照安全生产标准化考评办法和考评标准，对所属二级单位的安全生产标准化建设成果进行考评验收，考评结果在全集团公司通报，未达到一级安全标准化的单位，取消年度安全评先资格。同时，积极组织基层生产单位参加国家行业安全生产标准化企业创建活动，国家冶金行业标准化规范实施以来，武钢股份公司炼钢总厂、二分厂、三分厂、四分厂、条材总厂一炼钢分厂等单位，先后通过了国家冶金行业安全标准化一级企业考评验收并获授牌。

自开展安全生产标准化活动以来，武钢集团所属各单位安全基础工作得到了进一步提高和加强，安全生产形势保持了良好的态势。近 3 年来，武钢集团的各类事故总量得到有效控制，千人负伤率逐年下降，特别是通过国家一级安全标准化创建的 5 个矿山企业、4 个炼钢生产企业，安全基础工作、安全管理水平均有明显提升，连续多年一直保持重伤及以上事故为零的良好势态。

武钢集团在开展标准化建设的实践中，感受到管理标准化、现场标准化、岗位标准化对安全生产工作带来的影响及促进。特别是突出全过程控制，从安全教育培训、危险源辨识及监控、危险作业管理、事故应急等管理环节，到现场规范管理、安全设施配置、安全作业条件确认、危险作业监护、作业人员防护等现场环节，以及操作人员遵章守纪、严格按规程操作等操作环节，抓全过程的安全控制，通过严、细、实的工作方法落实对事故的严密防范。同时建立超前防范机制，通过管理标准化建立起安全生产预防管理体系，通过现场标准化着力为安全生产创造外在条件，通过岗位标准化从源头上杜绝操作者的违章行为，从人、机、管、环 4 个方面实现预防为主、关口前移的目标。(朱春梅)

2. 济钢集团有限公司扎实推进安全生产标准化建设的做法

济钢集团有限公司（以下简称“济钢集团”）始建于 1958 年，生产过程涉及矿山开采、烧结、球团、焦化、炼铁、炼钢、轧钢等，产品以中板、中厚板、热轧薄板、冷轧薄板为主。现有职工 4.1 万人，资产总额 480 亿元，拥有 1 200 万吨/年产钢能力。

济钢集团在生产过程中存在着许多危险因素，也面临着许多不确定因素，因此，扎实推进安全生产标准化建设，保证人员作业安全，提高生产过程的安全可靠性，具有重要的意义。

(1) 济钢集团在推进安全生产标准化建设方面的主要做法如下：

1）开展安全生产标准化创建工作过程

2007 年 3 月，按照山东省安监局的部署，济钢集团开始扎实推进冶金安全生产标准化工作，积极参与了山东省炼铁单元考评标准的起草和炼铁/炼钢企业安全标准化考核评级办法，以及炼铁/炼钢企业安全基础管理考核评级标准的研讨工作。2007 年 9 月，山东省安监局以鲁安监发［2007］129 号文的形式下发了《关于印发〈山东省炼铁/钢企业安全标准化考核评级办法（试行）〉和炼铁/钢企业安全标准化考核评级标准（试行）的通知》。按照 129 号文件的要求，济钢集团启动了安全管理和炼铁/炼钢单元安全标准化创建工作。2008 年 1 月，《国家安监总局关于印发冶金企业安全标准化考评办法（试行）及安全管理炼铁炼钢考评标准的通知》下发后，济钢集团又按照国家考评标准进一步细化了冶金安全生产标准化创建方案，并实施了具体创建工作。

2）企业安全生产标准化建设的主要做法

在创建工作中，济钢集团主要采取的是扎实推进、务求实效的做法，这种做法也被实践证明是一种效果显著的做法。

在创建工作中，济钢集团成立安全标准化工作组织委员会，确定了指导思想和工作目标，明确了实施范围，即确定安全标准化实施范围包括：第一炼铁厂、第二炼铁厂和铸管公司安全管理炼铁单元；第一炼钢厂、第三炼钢厂安全管理炼钢单元。

济钢集团高度重视安全生产标准化工作，要求各单位提高认识，加强领导，落实责任，扎实推进。集团公司领导在创建工作中多次提出要求，要求把开展安全生产标准化工作与隐患排查治理工作有机结合，与职业安全健康管理体系有机结合，与日常安全管理工作有机结合，与提升本质安全水平有机结合，把开展安全生产标准化工作作为实现安全生产目标的重要措施，精心组织，注重实效，促进安全生产形势持续稳定好转。

为确保创建工作有效开展，2008 年上半年，济钢集团制定了《开展冶金企业安全管理及炼铁、炼钢单元安全标准化工作实施方案》，下发炼铁、炼钢系统各相关单位，要求各相关单位根据实施方案要求制订本单位工作计划并组织实施。济钢集团组委会办公室则对创建工作情况进行督导、检查，并将安全生产标准化完成情况作为考核各单位年度安全生产工作的重要指标。

3）严格标准，认真开展炼铁、炼钢企业安全标准化自评工作

自 2008 年 6 月开始，炼铁、炼钢系统 5 个单位对照考评标准进行了自查评审，从安全基础管理到生产现场改进，对符合标准要求的做到巩固提高，对存在差距和不符合的，提出改进建议和纠正措施，并将相关要素的整改、完善责任落实到具体部门和岗位人员。

在炼铁、炼钢单元分别结合标准的炼铁 15 大考评类目和炼钢 12 大考评类目的具体要求，针对环境布置、设备装备、建构筑物、安全设施、工艺规程、原材物料、能源动力、生产操作、检修维护等

方面，采用新上、改造、维修、修订等方式逐项进行治理、整改和完善。

自2008年7月下旬开始，在5家单位自评基础上，由济钢集团冶金安全生产标准化自评小组分别对5家单位自查自评情况以及不符合整改情况进行了检查督导，评价安全生产标准化工作的符合性、充分性和有效性。组委会办公室随即组织召开了创建工作推进协调会，对各单位创建工作存在的问题进行了分析，提出了下一步工作要求和改进完善意见。随后，济钢集团自评小组分别对5家单位进行了现场评审验收。2008年9月初，正式将5家单位的《冶金企业安全标准化工作自评报告》上报省、市安监局。

4）炼铁、炼钢企业获得现场评审验收和核准

2008年10月，省、市安监局，省冶金总公司组织评审专家组对济钢集团炼铁、炼钢企业创建安全标准化国家二级企业情况进行了现场评审。评审组认为济钢集团冶金安全生产标准化创建工作积极有效，提升了安全生产管理和本质安全水平，所申报单位达到炼铁炼钢安全生产标准化国家二级企业标准，通过了现场评审验收。

2009年1月，山东省安监局下发了《关于公布炼铁、炼钢、电解铝和水泥安全标准化二级企业名单的通知》（鲁安监发［2009］9号），核准济钢集团所属的第一炼钢厂、第三炼钢厂、第一炼铁厂、第二炼铁厂及山东球墨铸铁管有限公司为冶金安全标准化二级企业。

(2) 创建安全生产标准化取得的成效

济钢集团创建安全生产标准化过程中，在安全管理方面和炼铁、炼钢专业单元方面取得了显著成效。

● 安全管理方面：

炼铁、炼钢系统的5家单位通过创建冶金安全生产标准化工作，促进了安全管理和本质安全水平的提升。在安全管理方面，参照考评标准要求，对现有安全管理制度和岗位安全规程进行了适宜性评审，整合了现有安全管理制度，补充、完善了职业健康安全管理体

系的程序文件、作业文件和记录，新制定了过去没有的专项安全管理制度 3 项（《安全技术措施审批制度》《安全费用提取和使用管理制度》《安全生产档案管理制度》），进一步建立健全了各岗位人员和各部门的安全生产责任制，完善了安全管理制度和责任制执行情况的考核机制，明确了安全生产档案包括的主要内容，收集补充了特种设备管理的基础资料；在安全教育培训方面，规范了包括外用工在内的培训工作，强化了从业人员的职业危害防治措施和员工健康监护；在事故应急管理方面，补充完善了各级应急预案，强化了培训和演练要求，进一步理顺了事故发生后的报告、救援、调查和处理程序。通过冶金安全生产标准化创建工作，促进了安全管理工作的科学化、规范化。

● 炼铁、炼钢专业单元方面：

在炼铁、炼钢专业单元方面，各单位对照考评标准对单元内的建构筑物、生产工艺、设备设施、原材物料、能源动力、作业活动、现场管理等方面开展了安全生产现状初始评审，共排查出与标准要求有差距的不符合项 142 个。针对排查出的不符合项，各单位结合自身实际，结合开展隐患排查治理和实施本质安全项目，切实落实治理、纠正和改进措施，共有 116 个不符合项得到整改，整改率达到 82%以上，对暂时不具备整改条件的落实了安全防范措施。整改结果基本达到考评标准要求。据统计，2008 年 5 家单位安全生产资金投入达 6 370 万元。

煤气中毒是炼钢炼铁企业常见事故，排查治理煤气事故隐患是纠正和改进的重点内容。为避免或减少煤气事故，在煤气场所设置固定式煤气报警仪 200 多点，配置便携式煤气报警仪 300 多个，配置空气呼吸器、苏生器等应急防毒、救护仪器 200 余台，淘汰了鼻卡式负压氧气呼吸器。

从实施安全生产标准化建设的效果来看，过去由于安全管理及炼钢炼铁单元没有统一的安全标准，安全管理不规范，安全设施不完善。通过创建达标活动，强化了员工安全意识，实现了生产作业标准化，基本杜绝了违章指挥、违章作业；通过对照考评标准拾遗补缺，创建过程中新建安全管理制度 89 项，补充完善安全规程 100 余项，实现了事事有制度、岗岗有规程的规范化管理，提升了安全管理水平，为企业的安全稳定奠定了良好基础。

3. 太原钢铁（集团）有限公司实施安全生产标准化促进本质安全化的做法

太原钢铁（集团）有限公司（以下简称“太钢公司”）是一家特大型钢铁联合企业，生产过程涉及铁矿采掘、钢铁生产、加工配送，同时也是目前全球最大、工艺技术装备水平最高、品种规格最全的不锈钢企业，具备年产 1 000 万吨钢（其中 300 万吨不锈钢）的能力。

太钢公司历来重视企业的安全生产工作，制定有完善的规章制度和严格的安全管理体系，安全生产管理形成能够持之以恒的长效管理机制，在全公司范围内形成统一明确的安全生产管理模式，围绕管理程序提升本质安全水平，倡导“按标准化操作、想他人所想”的安全文化，提高职工的职业道德水平和职业素养，为安全生产长治久安创建良好的文化氛围。

2010 年，太钢公司根据《企业安全生产标准化基本规范》要求，全方位开展了安全生产标准化建设，并且进一步细化实施方案，通过安全生产标准化，促进企业的本质安全化。

（1）安全生产标准化创建过程中的具体做法

太钢公司在安全生产标准化创建过程中，通过多种途径和形式做到全员参与。首先把标准条款逐条进行解读，组织全体安全专业人员进行学习和讨论，同时通过安全例会、班组周安全活动等形式进行重点学习和针对性的辅导。其次，把标准条款结合生产实际形成培训课件，纳入到对厂处长、科段长、班组长以及全员培训的课程中，进行系统的学习和研究。最后，把标准条款纳入到安全检查表中，通过日常检查的形式使标准要求落到实处。

太钢公司通过常态化的“标准化操作示范岗”“星级班组”的评选活动，促进了标准和各项规程、作业标准的严格执行。为使创建工作和日常安全管理有机结合，把安全工作的重心从“关注结果”转移到“关注过程控制”上来，提高过程控制水平，太钢公司进一步完善了评价检查的机制，建立了具有本企业特色的管控体系，设置安全管理控制度、标准执行率、危险源的危险度降值指标，对各单位从安全管理和标准化建设等方面进行绩效考评，进一步促进安全生产标准化创建工作的开展。

为了治理安全隐患，太钢公司成立专项整治领导组，下设矿山、危险化学品、特种设备、电气、道路交通、消防、民爆、职业健康等 11 个工作组，制定了《太钢安全生产专项整治制度》，规范工作流程，建立了专项整治的长效机制。各专业组每季度初根据公司安全生产工作重点并结合本专业特点，制定专项整治计划，组织开展专项整治工作。在每季度的安委会上，由公司安委办代表各专项组进行专项整治工作的总体汇报，同时选取一个专业组进行重点汇报，促进各专业安全工作的落实。各专项整治组在不断提升专业安全管理的基础上，将重大隐患的解决作为重要内容，重点关注、重点突破，着力解决了一批影响安全生产的重大隐患，在为职工创造良好作业环境的同时，极大地提升了公司的本质化安全水平。

(2) 以安全专项整治为突破口促进本质化安全

在安全生产标准化创建过程中，太钢公司成立了以公司董事长为组长、总经理为常务副组长、其他主要领导为副组长的专项整治领导组，并设立 11 个专项工作组，制定了专项整治制度，规范管理流程，形成专项整治的长效机制。

为了消除企业存在的事故隐患，太钢公司有针对性地开展了企业煤气、安全装置设施、防范粉尘爆炸、外协安全管理等专项检查，对发现的问题都按照标准进行了整改，将安全生产投入、加强职业健康管理、工艺装备安全管理、隐患治理、安全防护设施、危险源监控等10多项要求纳入到专项整治工作的范畴，先后确认了41项较大以上事故隐患，累计投入7 946万元进行了治理，从而使安全生产保障能力得到进一步的提升。

安全生产标准化建设是一项长期工作，太钢公司在安全生产标准化建设中，坚持“向上延伸、向下细化”的原则，将考评内容分解、细化，并且落实到各个岗位，使岗位日常管理与标准化考评内容进行全面接轨，实现岗位达标。与此同时，积极推进各个子系统、子单元实现全面达标，在此基础上实现公司的整体达标。

(3) 开展安全生产标准化创建后取得的效果

太钢公司对照炼铁、炼钢等安全生产标准化考评标准的要求，逐项进行落实，对标进行整改。2010年，公司所属炼铁、炼钢单位全部通过了安全生产标准化一级企业评审。

太钢公司开展安全生产标准化创建工作取得了很好的效果，主要体现在以下几个方面：

● 通过安全生产标准化建设，使安全管理流程得到进一步优化，安全生产专项整治、操作票和工作票、安全评价、安全审计等各项工作得到进一步推进，使安全生产标准化的各项要求落到实处，为实现本质化安全、人员行为的受控打下坚实的基础，使公司安全生产管理步入了科学化管理、高效化运行的轨道。

● 通过安全生产标准化建设，作业现场条件和作业环境得到明显改善。开展安全生产标准化创建以来，太钢公司专业安全管理的力度得到明显加强，逐级人员的安全责任得到进一步落实，安全工作绩效稳步提高。2010年以来，各专业通过专项整治工作的实施，先后确认了41项较大以上事故隐患，累计投入7 946万多元进行治理，安全生产保障能力得到有效提升。在职业病防治方面，确立了从设备设施的本质化上解决粉尘、噪声超标等问题，开展对标工作，采用新工艺、新技术组织开展治理工作，先后投入1 000多万元进行治理，取得了明显的效果。

● 通过安全生产标准化建设，进一步营造了浓厚的安全文化氛围。在安全生产标准化创建过程中，岗位人员通过开展危险辨识、伤害预知预警活动、标准化操作竞赛、岗位练兵等活动，使预防事故和执行标准的能力得到进一步提高。通过开展全员性的安全提案和利用公司网络平台、电视媒体开展安全热点问题探讨，职工谈安全体会、讲安全知识活动，使公司“珍爱生命、我要安全”的安全理念得到进一步弘扬。

4. 中国铝业河南分公司深化安全生产标准化建设的做法

中国铝业河南分公司的前身是郑州铝厂，始建于1958年8月，主要从事氧化铝生产，拥有完整的矿石开采、冶炼、加工产业链。现有员工1.3万余人，资产总值42亿元，年销售收入28亿元。

中国铝业河南分公司一贯重视安全生产工作，推行缺陷管理、安全确认制等一系列螺旋式上升管理模式，使生产作业现场发生了巨大的变化。员工安全意识得到了根本性的提高，伤害事故大幅度减少，连续4年杜绝了工亡。公司被评为“河南省安全生产先进集体”，公司独创的“安全确认制”在中铝公司全面推广。

中国铝业河南分公司在开展安全生产标准化建设过程中，始终坚持“重在建设、贵在坚持、严在管理、落在实处”的指导思想，一手抓创建，一手抓巩固提高。公司所属各单位按照公司的统一部署，高度重视，积极推进，整个创建活动有条不紊。创建工作经过了宣传发动、全面实施、检查验收、巩固提高4个阶段，实现了管理标准化、现场标准化、操作标准化。

(1) 管理标准化的做法

管理标准化是创建安全生产标准化的基础。为了完善各项规章制度，做到有章可循，公司制定了以安全生产责任制为核心的10项安全基本制度。根据制度要求修订完善了安全教育培训制度、安全检查工作制度、重点要害岗（部）位安全监控制度等多项安全管理制度。绘制了安全管理网络图、“三点”（事故多发点、事故危险点、尘毒危害点）控制图、工伤事故因果分析图。运用数理统计和概率分析等方法，开展群众性的事故预想和预测活动，特别是对危险源（点）进行辨识、评价和控制，有效地预防了事故的发生。并把各项安全管理制度进行了细化，把各单位执行情况纳入到公司责任目标绩效考核，不断完善和规范。为了进一步提高专业管理人员的管理水平，公司先后举办了多期安全生产标准化建设骨干培训班，提高了安全管理人员的专业水平。安环部有关管理人员和专业人员还经常深入到二级单位讲解安全生产标准化建设有关知识，使各级管理者和员工明确了应该干什么、怎么干。

在推进安全生产标准化管理的过程中，公司结合自身特点，逐步健全并坚持了“四级”安全检查制度，即班组一天一检查、车间一周一检查、二级单位一月一检查、公司每季一检查。公司根据季节的不同，每季都要有重点地组织一次安全消防大检查。检查组由公司主要领导带队，各有关部室参加，在各单位自查自改的基础上，进行综合检查，对检查出的问题及时下达限期整改指令，并采取“回头看”的形式跟踪检查整改情况。为加大对压力容器的监督管理，公司成立了压力容器专项检查组，不定期地对各单位压力容器的运行情况进行检查，对违章现象除纳入到绩效考核外，还要进行通报批评。同时，还采取了专业检查、重点要害岗（部）位检查、专项检查等多种检查相结合的手段，使各类隐患消灭在萌芽之中。

2003 年以来，公司以管理标准化、技术标准化、程序标准化、岗位作业标准化为核心，以安全管理、设备管理等 15 项专业管理为主要内容，以国际国内先进管理制度和技术经济指标、岗位操作标准等为参照，全面制定并实施了涵盖公司全部生产经营活动的管理标准、技术标准、程序标准、岗位作业标准等共 4 469 项企业管理标准。通过教育培训、深入检查、总结完善等方式分阶段、有步骤地持续推进“标准化管理”，并结合生产经营发展变化和同行业管理不断优化的实际情况，开展实时“对标”，定期修订相关标准，使各项标准保持领先性、连续性、实用性，实现了管理的持续改进和不断优化，公司整体管理水平稳步提升。公司被确定为“全国企业标准化体系试点单位”“河南省企业标准化体系示范单位”。

(2) 现场标准化的做法

公司面对设备老化严重，现场环境恶劣等现实情况，把如何改进现场状况作为实现现场标准化的重中之重。创建工作开展以后，在现场标准化方面，公司把治理现场环境作为“塑形”工程来抓。主要运用定置管理的方法，对生产现场的物品进行科学的分析、设计、组织实施和调整。按照生产工艺和安全生产的需要，科学合理地规定各种原材料、成品、半成品及各种工器具的定置定位。按照有关标准要求完善了现场的各种安全防护装置、预警报警装置和安全标志，治理“三室”及现场环境卫生，使现场管理井然有序。公司先后投资数亿元对安全环保设施进行改造，开展了“设备管理四达标”、定置管理等活动。各项工作相互促进，增强了员工“创建安全生产标准化工厂”的参与意识，提高了创建活动的质量和进度。

为巩固提高现场标准化管理水平，公司创新开展了“缺陷管理”，旨在消除工作中的各种“缺陷”，尤其是消除物的不安全状态，进而完善规章制度、工艺和技术标准。所谓“缺陷”，主要包括：影响现场安全生产的隐患；项目从立项、设计、施工、试车到交工验收等各个环节存在的隐患；公司规章制度中的“死角”；不利于安全生产、不利于增产降耗，影响公司生产经营的所有不利因素。衡量“缺陷”是以公司安全生产标准化等规章制度，以企业历史最好水平和同行业先进水平作为标准的。通过“查找、整改、预防，再查找、再整改、再预防”的循环，不断改善、提升现场标准化水平。

公司把“缺陷管理”作为一项日常工作来开展，设立了60万元的“缺陷管理”奖金，鼓励广大员工从身边小事做起，查找并整改“缺陷”。对查出的问题，建立了由下至上上报“缺陷报告书”、由上至下下达“缺陷整改指令书”的“缺陷管理责任制”，按照“三定四不推”（定人员、定期限、定措施；凡自己能解决的，班组不推给工序、工序不推给车间、车间不推给二级单位、二级单位不推给公司）原则，坚持做到小隐患不休班、大隐患不过夜，通过“整改指令书”的形式，责成专人逐级整改。截至 2004 年上半年，累计查找缺陷 19 147 项，整改 18 894 项，投入资金 1 亿多元以上，整改率达 98%以上，有效消除了事故隐患。

(3) 操作标准化的做法

在操作标准化方面，公司为了达到操作程序和动作标准的科学化、规范化和安全化，一方面组织有关领导、专业技术人员和有经验的生产骨干，经过反复讨论和修改，本着科学、准确、简练的原则，结合各岗位作业原理和生产特点，结合安全操作规程，结合历史上各种事故发生的情况，进行认真的分析研究、简化提炼、修改完善，制定了 758 个工种的操作程序和动作标准，编印成册下发到车间、班组和个人，达到人手一册。另一方面，为推动操作程序和动作标准的实施，公司开展了员工培训和学习，组织进行考试、操作演练和技术比武。

公司将安全生产标准化管理与企业多年来的安全管理经验和血的教训相结合，创新提炼了一种全新的安全管理模式——“安全确认制”。所谓“安全确认制”是指员工在实施作业前，自觉对该项操作所涉及的人、机、料、法、环等进行确认，确认操作对象准确，确定作业环境安全可靠，确认作业行为符合安全生产操作规程。它主要包括 5 个方面的内容：岗位确认制，即作业前，必须由下达作业命令的人员确认操作人员是否具备岗位作业资格；操作确认制，即所有岗位操作人员在作业前，按照“想、看、动、查”的确认程序，想一想本工种的安全操作规程和安全注意事项，查看设备和环境是否符合安全作业条件，严格按操作程序、动作标准及安全操作规程的要求实施作业，每做完一个操作动作都要检查动作后操作对象反馈的信息是否正确；联系呼应确认制，即在生产和检修过程中，尤其是立体交叉作业与长线作业过程中，下级确认上级指令，被指挥者确认指挥者指令，如调度的电话指令、施工检修当中的口令与信号指挥等，被指挥者均须做好记录并重复无误后，方可工作；行走确认制，是指所有进入车间厂房、生产现场及作业区域的各类人员，在车间或施工现场行走及天车吊运时，必须按设置的安全通道行走，严格执行“查看、判断、通过”的程序，对现场是否具备安全通行条件予以确认；开停车确认制，是指对各类窑、炉、磨、泵、槽、压力容器及管道、变配电系统、起重设备与机车等开停车及检修作业必须严格执行工作票制度。

在安全生产标准化建设的基础上推行“安全确认制”，使员工在熟知本岗位安全技术操作规程、熟练掌握操作程序和动作标准等安全生产标准化要求的基础上，进一步掌握本岗位有哪些危险因素、如何预防、一旦发生事故如何处理等技能。在作业过程中，通过认真填写“安全确认记录”或签发“安全确认工作票”，严格实现生产作业的“人—人”“人—机”联保互保，确保了安全生产。

公司把深化“安全确认制”与夯实班组安全管理相结合，将“安全确认制”执行情况纳入到“四级安全互检”范畴，在基层车间班组广泛开展“安全确认制”达标竞赛活动，目前已有453个班组通过“安全确认制”达标班组验收。通过开展“安全确认制”，实现了安全管理重心下移，班组安全管理更加扎实有效，员工自我保护意识明显增强，形成了“事事确认、人人把关”的良好局面，进一步提高了安全生产标准化建设水平。

从实际效果来看，通过对公司安全生产标准化创建前后对比，公司千人负伤率下降了61%，千人重伤率下降了67%，伤害程度明显减轻，公司安全生产形势逐年明显好转。（赵红堂、张晓瑞）

5. 湖北三鑫金铜股份有限公司安全生产标准化创建工作的经验与做法

湖北三鑫金铜股份有限公司（以下简称“三鑫公司”）前身为黄

石市鸡冠嘴金矿，以采选金铜矿为主业，拥有鸡冠嘴、桃花嘴两大矿床，开采方式为竖井延伸开拓，主要产品为金铜精矿、铁精矿和硫精矿等，员工1 700余人，年处理能力达60万吨以上。

2008年，三鑫公司启动安全生产标准化建设工作，根据国家安监总局发布的《金属非金属矿山安全标准化规范》要求，分别对安全管理、安全技术、安全装备、安全作业及安全环境5个方面进行标准化规范，建立起一套特色鲜明的安全生产标准化体系。2010年5月，三鑫公司通过国家安全生产标准化二级企业考评。

(1) 三鑫公司在安全生产标准化建设工作中主要采取以下做法：

1）实施安全生产标准化的过程

2008年3月，三鑫公司依据《金属非金属矿山安全标准化规范》，以及省、市安监局有关文件精神，正式启动安全生产标准化创建工作。公司成立了以总经理为组长的安全生产标准化创建领导小组，并同步拟订了翔实的标准化系统构建推进实施计划。

通过一年时间的摸索实践，公司安全生产标准化规范管理支撑性文件系统（《管理程序文件》《管理制度文件》）于2009年1月投入运行。为了检验安全生产标准化系统实施运行的效果，2009年3月下旬，公司顺利通过了安全生产标准化达标创建验收考核工作；4月接受了北京安瑞琪国际风险管理顾问有限公司的外部初始评审，并于5月形成了《考评报告》。从2009年3月至6月，公司安全生产标准化执行小组按照规定程序完成了安全生产标准化系统的后期符合性对标完善与企业自评工作。目前，公司向国家安监总局申报安全生产标准化系统达标外部考评程序已启动。

三鑫公司建立的安全生产标准化管理系统，是基于正在规范运行"三标"（质量、环境、职业健康安全管理）体系和取得国家安全质量标准化一级企业的基础上，通过对系统进行有机整合、融入等方式进行强化实施的，是三鑫公司瞄准国际先进矿山标准，提高公司现代矿山安全管理水平的可靠保证，是公司以新的起点迈入全新安全管理领域的一个标志。

2）安全生产标准化系统构建历程

根据公司安全生产标准化规范项目实施计划和要求，自项目启动以来，公司在开展安全生产标准化方面严格按照《金属非金属矿山安全标准化规范导则》及《实施指南》的要求，通过循序渐进的摸索，依照规定程序操作，具体做了以下系统构建与实施完善工作。

①标准化系统策划与资源准备

●项目的启动。2008 年 3 月，公司召开了项目启动大会，阐明了公司建立安全生产标准化体系的意义及作用，对实施安全生产标准化达标创建工作进行了全面动员；会议还发布了安全生产标准化实施工作的相关规定，以确保上至总经理，下至基层一线员工对建立安全生产标准化体系的参与，为体系推进奠定了群众基础。

● 咨询服务合作伙伴的确立。为了确保安全生产标准化体系的建立与实施工作能与总体计划同步，公司积极与北京安瑞琪国际风险管理顾问有限公司建立项目咨询合作关系，并与该公司签订了合作协议。

● 系统策划。在省、市安监部门的支持与咨询服务机构的指导下，公司安全生产标准化领导小组完成了标准化体系的构建策划与推进计划的拟订工作，整套体系创建工作将严格按照准备、策划、实施与运行、监督与评价、改进与提高五个步骤逐步推进实施。

● 组织机构设立与资源配备。为确保标准化规范各要素的具体实施和建立过程中时间进度、人员的保障以及沟通渠道的建立，公司设立了安全生产标准化体系实施领导小组与各专责支持组，配备了体系创建工作所需的人员，明确了生产技术部、机动部、企管部等相关技术支持与配合协调部门的职责；设立了标准化规范知识宣传培训、标准化体系文件编写、风险辨识与评估、标准化规范实施内审员等 7 个专责工作小组，具体负责执行标准化规范各要素推进与对标自评完善工作。

②安全生产标准化规范基础培训和政策宣传

为了满足安全生产标准化体系创建的基础条件，建立体系构建专责队伍，公司在2008年多次聘请专家对公司的领导层、中层管理人员和项目小组成员普及宣讲现代风险管理的理论方法。对公司73名班组长和28名标准化规范实施工作小组骨干，开展了为期三周的标准化规范实施指南所涉及的14个规范要素、风险评估等基础知识培训和标准化管理标准编写技巧知识专题讲座。此外，公司还购买了标准化创建学习资料80套，发放到基层班组，组织人员进行学习和宣传，为公司安全生产标准化规范体系的构建打下群众理论与实践基础。

通过培训，公司员工对《金属非金属矿山安全标准化规范》的有关要求有了初步了解，相关骨干成员能够较好地配合项目小组开展工作。公司宣传报道组全程参与了安全生产标准化体系建设与推进进程的全部工作，实时报道工作的进度与成效，为公司安全生产标准化创建活动营造了浓厚的文化氛围，为后续标准化推进工作开展夯实了群众思想基础。

③全面开展试点班组危害辨识与风险评估

危害辨识与风险评估是建立安全生产标准化体系的根基与核心，也是此次标准化工作与以往开展的各类工作的最大区别之一。开始进行风险评估时，选择一些班组建设管理基础条件比较好的具有代表性的班组或工段作为试点，以班组为基础单元，通过从下至上逐级开展风险辨识与评估，以其成功的经验来带动其他班组，采取以点带面的方式全面推广风险控制方法。选择班组或工段时还考虑了工种或专业的代表性与全面性，确保了风险评估能覆盖所有的作业流程。

● 实施试点班组危害辨识与风险评估。2008年8月，在对员工开展安全生产标准化规范基础知识与系统构建技能培训的同时，公司选择采矿、提升、充填、选矿、动力五个主体生产车间的具有代表性的生产一线班组，作为典型试点推动班组，先后在专家的现场指导下，通过理论学习与现场实践相结合的培训宣教方式，运用危害辨识与风险评估方法，对采掘、提升、供电、给排水、选矿、充填等生产系统，关键工艺流程，典型操作岗位与作业班组的施工现场进行了危险有害因素与风险辨识。

● 全面推广班组风险危害辨识与评估。通过采取班组全员参与的方式，全面提升员工对危害与风险的认识，使其产生自我保护的意识；以工作训练的方式，逐步深入推广到全体班组，培训应用危害辨识与风险评估分析技术，确保参与者对方法与技巧的掌握。

● 编写作业现场关键任务作业指导书。公司各生产车间在原有“三标”（质量、环境、职业健康安全）管理体系规范运行的基础上，通过各试点班组以点带面的推广工作方法，广泛开展作业岗位危险有害因素辨识推广工作。通过运用事故类别分类辨识和作业流程分类辨识两种方法共列出 830 多项危险有害因素。针对这些危害因素，公司标准化风险评估小组进行集中分类评估打分，并根据各类高危作业项目显示的危害类型、风险程度，有针对性地分别制订完成了 27 部《关键任务（高危作业项目）作业指导书》和覆盖所有生产作业场所的《生产作业场所危险有害因素预防安全告知卡》等，加以补充约束与控制，杜绝危险源和各类危害因素失控导致事故发生，最终为公司建立规范的安全生产标准化体系提供风险控制原始依据。

④安全生产标准化体系管理支撑文件的编写准备

为了适应公司建立安全生产标准化规范体系的需要，识别与公司安全生产相关的法律法规、标准，确保文件编写的规范性及对法律法规的依从性，公司安全生产标准化文件体系编写小组成员依据安全生产标准化规范所描述的要求，严格对照《标准化评定标准》14 个主要素和 53 个子要素所分解规定的内容结构，对公司现已识别在用的相关安全生产方面的法律法规、规程、标准以及管理标准制度文件、规程等通过与各要素对口归类的方法进行了重新梳理，并针对所整理出来的相关缺项、弱项与不足，及时进行了分类登记并形成备忘录，为后期的文件编写补充和完善提供了明晰的提纲式输入路径。

⑤安全生产法律、法规及其他要求辨识收集

为了满足安全生产标准化系统构建的合法性、规范性、适宜性与符合性，公司标准化文编小组先后通过互联网、现行《安全生产法律法规汇编》以及《劳动保护》杂志等多种途径识别了安全生产方面法律法规、标准与规程等法律规范文件，及时更新了以往形成的“法律法规及其他要求辨识清单”；对公司现有的安全生产责任制和48项相关安全生产管理制度、标准以及岗位安全操作规程，进行了对口整理、补充和修订，为公司实施安全生产标准化《系统管理程序文件》《系统管理制度文件》等支撑性规范文件的编写与后期的实施运行打下了基础。

3）安全生产标准化系统文件的发布与实施

公司安全生产标准化系统管理程序与制度文件于2009年1月初顺利编制完成并通过有关方面的初步评审。公司总经理签发《安全标准化系统管理程序文件》和《安全标准化系统管理制度文件》的发布令，并自2009年1月20日起在全公司所有单位、部门同步实施。由最高管理者同步发布实施的文件还有公司安全生产方针、安全管理理念、环境理念、职业健康理念、《安全管理者代表任命书》。伴随着公司安全生产标准化一系列系统规范文件的发布实施，标志着公司安全生产标准化规范系统步入了实施试运行阶段。

4）夯实安全生产标准化规范系统管理基础，确保系统运行效果

为了提高公司安全生产标准化系统运行质量与维护效果，根据公司安全生产标准化系统管理程序文件所规定的对应职责分工要求与相关工作程序，在系统投入试运行阶段，担负系统运行维护与监督管理的相关职能部门和责任单位，严格按照标准规范14个主次要素所规定的工作项目内容及实施要求，以“三级（公司、车间、

班组）联控”方式，认真组织落实“策划、执行、符合性、绩效”四个闭环规范管理，并采取一系列措施对系统进行不断的改进与完善。

（2）实施安全生产标准化规范系统认识与体会

通过一年多的学习、摸索与实践，三鑫公司在推进安全生产标准化体系建设方面，主要有以下几点认识与体会：

● 体系建设以班组风险管理为起点，体现了企业安全管理的方向和焦点。安全生产标准化管理体系的基础工作是风险评估，针对企业的外部环境和内部作业，逐一进行危害辨识和风险评估，找出在生产活动中面临的风险以及现存的、影响后果严重的危害，并针对这些风险和危害，甄别现有控制措施的有效性，提出需要采取的控制措施与建议，从而实现对企业面临的危害和风险有目标、有重点地进行管理，真正体现出事前控制、过程监控、行为规范的痕迹化管理模式。同时，由于危害辨识和风险评估的结果来源于基层班组员工，是基层员工对自身工作环境和所进行作业中的“安健环”危害、风险的清楚认识，更有利于管理目标的实现。

● 体系将可操作、适用的要求贯穿到管理和执行过程中。安全生产标准化管理体系在应用中的一大特点，反映在制度规定和执行标准的编写上，是从管理层和执行层分层分级建立标准，分层建立管理层的工作标准要求和执行层的作业标准，不同的人员使用不同的标准。在制度规定和作业标准的编写上，严格遵循去繁从简的原则，以实现精练和有利于现场执行、监督检查的目的，要求切实提高可操作性。

● 通过行为干预，逐步改变并提高员工安全意识，营造良好的安全文化氛围。安全生产标准化管理体系提出的一些员工行为干预方法，对提高员工安全意识、建立和提高人与人之间的信任度、促进安全管理工作具有较好的作用。能够收集事故、事件下掩盖的更多违章和不符合规范的行为，而不强调处罚，希望从正面激励员工；

提倡在现场作业中进行任务观察，强调指导和问题的收集与分析，不是单纯处罚；向员工分派任务时使用正确任务说明以及进行一对一的沟通；在作业前进行的班前会中开展非正式的风险评估确认，以清楚工作中的危害及其影响，均是通过不同形式对企业领导和员工的行为进行干预，从而逐步提升全员安全意识和工作责任感，逐步形成良好的企业安全文化氛围。

6. 浙江漓铁集团有限公司实施安全生产标准化确保安全的做法

浙江漓铁集团有限公司（以下简称“漓铁公司”）的前身为漓渚铁矿，创建于1959年11月，位于浙江省绍兴市西南13公里，为浙江省黑色金属矿采选规模最大企业，属全国地方独立中型矿山。

公司从2006年开展安全生产标准化工作以来，企业安全生产管理逐步实现制度化、规范化和标准化，形成了一套比较完整、系统和有效的安全生产管理体系，集团公司安全生产和经营都取得了较好业绩。

在开展安全生产标准化工作中，漓铁公司的主要做法是：

（1）实施安全生产标准化，提升企业安全管理水平

漓铁公司作为一家有50多年发展历史的国有老矿山企业，随着目前矿井的向下延深、外包施工队伍的扩大和外包作业人员的增多、企业产业链的延长，安全生产管理难度进一步加大，迫切需要有一整套完备的安全管理体系来提升企业安全管理水平。

2006年漓铁公司被浙江省安监局列为全省105家非煤矿山安全标准化试点企业之一，对此，公司把握机遇，根据省、市安监局的工作部署，以及浙江省非煤矿山企业安全生产标准化考评标准及办法要求，从四个方面切实抓好企业安全生产标准化的试点工作。

● 领导重视是搞好安全生产标准化工作的保证。为切实搞好安全生产标准化工作，提高企业本质安全管理水平，公司结合企业实际，分阶段开展安全生产标准化的实施工作，成立了以总经理为组长的安全生产标准化领导小组，下设实施小组，统一思想、明确职责，落实安全生产标准化活动实施工作计划表，对开展安全生产标准化工作进行了总体部署。

● 抓好宣传教育培训是搞好安全生产标准化的基础。为了认真组织开展好这次安全生产标准化工作，公司充分利用黑板报、《漓铁报》、漓铁内部网络系统等宣传工具，对开展安全生产标准化工作进行了广泛宣传和发动，使职工积极主动参与到安全生产标准化活动中来，充分认识到开展安全生产标准化活动的重要性和必要性。

● 抓好五个结合是实施安全生产标准化的关键。一是把开展安全生产标准化工作与贯彻国家安全生产法律法规有机结合起来，通过培训，使企业的安全生产行为纳入到法律化、制度化、标准化管理的轨道。二是把开展安全生产标准化工作与落实安全生产责任制有机结合起来，使安全生产标准化工作与安全生产责任一起落实到各级领导、各单位部门，最终落实到每个操作岗位和每个从业人员。三是把开展安全生产标准化工作与完善制度有机结合起来，公司根据安全生产标准化要求，结合企业实际及时修订和完善各项安全生产管理制度，使公司的安全生产标准化工作更加完善、健全和规范，做到有章可循、有规可依。四是把开展安全生产标准化工作与培训教育、提高员工素质有机结合起来，全面提高员工的安全技术综合素质，规范员工的操作行为，实现上标准岗、干标准活的目的。五是把开展安全生产标准化工作与实现企业安全生产目标管理有机结合起来，强化企业的各项管理工作，确保公司安全生产目标的实现。

● 扎实抓好组织实施工作是实现安全生产标准化的根本。要开展好安全生产标准化活动，关键要做好组织实施工作。集团公司及下属矿业公司、选矿厂、球团公司、储运公司等单位都参加安全生产标准化的实施工作，重点做好安全生产方针与目标，安全生产法律法规与其他要求，安全生产组织保障，风险管理，安全教育与培训，生产工艺系统安全管理，设备设施安全管理，作业现场安全管理，职业卫生管理，安全投入、安全科技与工伤保险，安全检查，应急管理，事故、事件报告、调查与分析，绩效测量与评价等 14 方面工作。

为了确保安全生产标准化的有效实施，公司加强对安全生产标准化实施过程中的日常检查与考核，将安全生产标准化工作纳入到公司月度经济责任制考核，每月进行检查与考核，并作为月度管理奖考核的重要内容之一。对查出的各类问题和隐患及时下发整改通知单进行落实整改，从而保证了安全生产标准化活动的有效实施。

（2）实施安全生产标准化，提升公司特色安全管理模式

漓铁公司通过安全生产标准化的有效实施，进一步完善了各项安全生产管理制度，提升了公司在几十年的安全生产管理实践中总结的“123456”特色安全管理模式，有力地推动了企业的安全生产工作。

● 一个贯彻执行。认真贯彻执行《安全生产法》等国家有关安全生产的法律、法规、规章、标准。

● 两个全面落实。全面落实“安全第一，预防为主，综合治理”的安全生产方针；全面落实各级安全生产责任制。

● 树立三个理念。树立“大安全”安全管理理念；树立安全就是效益的理念；树立搞好企业安全文化建设就是搞好企业文化建设的理念。

● 实现四个转变。从事后管理抓安全向事前管理抓安全转变；从传统管理抓安全逐步向现代科学管理抓安全转变；从只有部门抓安全向依靠全体员工抓安全转变；从“要我安全”向“我要安全”“我会安全”“我能安全”转变。

● 坚持五条原则。坚持“谁主管、谁负责”的原则；坚持“以人为本，严管善待”的原则；坚持“标本兼治”的原则；坚持“抓好重点，兼顾一般”的原则；坚持“虚实相结合”的原则。

● 实施六项特色制度。实施六项行之有效的富有漓铁公司特色的安全生产管理制度：一是季度安全风险保证金制度；二是安全信息员兼员工代表制度；三是违章违纪挂黄牌制度；四是隐患排查为重点的安全生产检查制度；五是以提高员工技能为重点的安全教育培训制度；六是持续实施安全标准化、“三标合一”一体化管理体系、“5S”管理、清洁生产和绿色矿山创建工作。

(3) 公司下一步需要着重做好的工作

安全工作是矿山管理工作的重点和难点，企业必须正视安全生产工作中存在的问题和不足，认真吸取安全生产管理中的好经验、好方法和好技术，继续实施和提高安全生产标准化工作，促使企业的各项安全生产管理基础工作更上新台阶。为此，漓铁公司下一步打算着重做好以下几方面的工作：

● 持续改进和提升安全生产标准化工作，争创国家级安全生产标准化企业。根据国家安监总局发布的《金属非金属矿山安全标准化规范》和《关于加强金属非金属矿山安全标准化建设的指导意见》等文件要求，扎实做好安全生产标准化的升级工作，为争取达到国家级安全生产标准化而努力。

● 创建实施尾矿库安全生产标准化工作，确保尾矿库安全。目前，漓铁公司已经按照尾矿库实施指南和尾矿库安全生产标准化评分办法，开展尾矿库安全生产标准化工作。2007 年漓铁公司投入 360 万元，对兰亭尾矿库安装数字化实时监测系统，从四个部位对尾矿库进行全面监测，强化了尾矿库科学安全管理，有利于确保尾矿库运行安全。

● 持续实施“三标合一”管理体系，促进企业安全标准化工作。2007 年漓铁公司通过 ISO 9001 质量、ISO 14001 环境和 OHSAS 18001 职业健康安全“三标合一”管理体系认证。一体化管理体系的有效运行，大大促进了企业安全生产标准化工作，有利于不断完善特色安全管理模式，进一步构建企业文化，提升企业安全管理水平，提高企业的经济效益，为安全生产标准化的有效实施起到保证作用。

● 加大安全生产投入，持续开展安全生产标准化工作。漓铁公司2010年投入1 000多万元对矿山地表覆盖层进行治理，投入200多万元对兰亭尾矿库主坝进行降低浸润线治理，投入300多万元对三个停用尾矿库进行闭库治理，投入150多万元引进天井钻机一次掘进天溜井等，这些重点工程治理和重大技改项目的投入，既确保了重点要害部位的安全生产，又保证了生产正常进行和稳定发展，为持续开展好安全生产标准化工作打下良好基础。

7. 云南磷化集团有限公司开展安全生产标准化营建安全长效机制的做法

云南磷化集团有限公司（以下简称“云南磷化集团”）是云天化集团有限责任公司的全资子公司，是国家云南磷复肥基地配套磷矿采选基地，下属7个分公司，11个子公司，目前有职工5 300人，资产总计54亿元。

云南磷化集团于2006年开展安全标准化企业创建工作，2007年通过国家“金属非金属矿山安全标准化一级企业”认证，目前正在按照新版标准组织开展“安全标准化企业”创建提升工作。

(1) 在创建安全生产标准化企业的过程中，云南磷化集团主要采取以下三个方面的做法：

1）根据发展需要，以创建标准化企业为切入点，全面提升安全生产管理水平

企业改制以来，生产经营呈现出了快速发展态势，矿山和经营实体增多，采剥能力增长了11倍，原矿生产能力增长了4.8倍，选矿能力增长了2.9倍，磷矿浮选装置建设运营、设备装置更新改造步伐加快。

为了适应发展中的采选生产条件和作业环境新变化，在国家和省市安监部门的指导下，公司班子果断决策，在2006年组织开展了矿山安全生产标准化企业创建工作。由于创建方案周密，工作扎实，实施到位，加之基础较好，当年通过了省级评审。2007年，经国家

安监总局评审，获得了全国“金属非金属矿山安全标准化一级企业”认证；国家新版标准颁布后，2008 年又继续按照《金属非金属矿山安全标准化规范导则》《金属非金属矿山安全标准化规范露天矿山实施指南》《金属非金属露天矿山安全标准化评分办法》，组织开展标准化企业的创建提升工作。

2）领导重视，组织保障，宣传发动，全员参与，为创建标准化企业提供思想、组织和工作保证

创建安全生产标准化企业是一项系统工程，思想、组织和工作保证是第一位的。主要工作有以下四个方面：

一是成立了以总经理任组长、分管副总经理任副组长的安全标准化企业创建工作领导小组，统一制定《安全标准化实施方案》，对创建工作实行统一领导，统一组织。机关职能部门和所属各单位明确分工，协同配合，在人力、物力、财力上给予全力保证。

二是组织做好贯标系统培训。2008 年 3 月，公司组织相关人员参加云南省安监局组织的“金属非金属矿山安全标准化贯标培训班”学习。随后，公司先后对中高层管理人员和班组长进行贯标培训，提升安全生产标准化意识，熟悉创建工作的重点和难点。同时，以安全生产副矿长、安全科长和专业技术人员为主，组成安全生产标准化创建工作队伍，对照《规范》《评分办法》14 个元素的各项规定，逐一学习领会，逐项实施推进。

三是广泛宣传安全生产标准化知识，营造良好的管理氛围。在企业报上进行知识讲座，利用广播、电视和黑板报，积极宣传标准化知识，使标准化企业创建工作成为员工的自觉行动，保证创建工作的全员参与和有效开展。

四是安全生产标准化管理与企业基础管理有机结合开展。将安全生产标准化管理列为质量、环境、职业健康安全“三标”管理体系建设，在“过程控制、持续改进”中不断改进提高“百日安全无事故竞赛活动”效果。2008 年，投入 1 800 多万元全面加强班组建

设，积极推行“7S”现场基础管理。2009年，又针对管理中的薄弱环节和问题，组织开展苦练内功、提高素质活动。

3）把管理重点向基层单位和基础工作前移，着力夯实安全管理基础工作

一是充实机构、更新知识。在安全标准化企业创建中，对两级安全环保部门都充实调整了管理人员。各级领导和安全管理人员，除按规定参加安全教育培训和取得资格证书外，还组织参加了国家注册安全工程师考试，取得注册安全工程师的人数达到127人，人员包括分管安全的领导和安全、生产、设备部门的负责人。

二是加强规章制度建设。结合贯标认证工作，组织专业人员全面清理了原有的安全管理规章制度，按照标准化企业考评标准要求，系统修订了68项管理制度。按照标准化企业创建内容，统一规范符合矿山生产经营活动特点的安全台账，格式简洁，内容完整，记录能够反映基层安全活动开展情况，为安全检查和考核评价提供准确完整的原始依据。

三是抓实员工安全教育培训。按照《员工安全教育培训制度》规定，编制年度安全教育培训计划、大纲，教材内容符合工种岗位实际，满足管理需要。建立“三级安全教育培训卡”，规范培训档案管理；定期组织对员工进行安全操作技能考核，考核结果与绩效工资挂钩，实行动态管理；将外委施工作业单位纳入到安全生产统一管理，同步同时进行三级安全教育和岗位安全培训，员工合格持证上岗率达到100％。

四是重视职业病危害的防范控制。每两年对从业人员进行健康检查，建立职工健康档案。对新招聘录用员工和调离员工进行例行体检，对接触职业危害员工进行定期体检，无职业病例发生；按照作业环境和条件，配备符合职业安全健康要求的劳动防护用品。对噪声、振动、粉尘和有毒有害作业场所，定期跟踪检测，落实防治措施。

五是做好危险有害因素的防范控制。对生产作业岗位及关键任务的危险有害因素、环境有害因素，逐一进行分析、辨识和论证，制定岗位人员安全作业指导书；在生产现场和作业点设立危险源点警示卡、岗位安全提示卡和危险有害因素信息卡，强化安全生产警示作用。

六是完善事故应急救援机制。成立露天矿山应急救援中心，下属矿山成立应急救援分队，配备相应救援装备，组织开展救援人员培训；分别界定 A、B 级危险源（点），制订《事故应急救援分预案》，开展事故应急救援演练。

七是加大安全生产投入，强化隐患整改措施落实。2006 年至 2008 年的三年内，累计投入近 9 000 万元对安全隐患进行整改治理，隐患整改落实率达到 100%；为防止露天矿山地质灾害发生，投入资金 5 410 万元，大力开展矿山生态恢复和环境治理工作，完成采空区复垦植被 8 290 亩，土地复土植被率达到 85%以上。

(2) 安全生产标准化企业创建工作的认识体会

云南磷化集团是个老矿山企业，长期以来，尽管矿山安全管理体制机制较好，但随着新的发展形势任务需要，原来的一些制度、标准已不相适应，现实生产经营中的安全思想、理念、意识需要更新，安全生产管理的措施办法需要靠科学标准去破解。开展安全生产标准化创建工作，收到了良好的效果，是对企业安全发展新思想、新理念、新意识的提升。

通过安全生产标准化体系创建工作，使云南磷化集团的安全管理提升到了一个新的台阶，主要标志是逐步构建了“人本安全”和“本质安全”新机制，保持了近几年来良好的安全生产形势，为企业营建了安全发展保障。一是公司全体员工的安全生产意识有了深层次的转变和提高，“安全第一，预防为主，综合治理”的观念进一步深入人心；二是全面系统地完善各项安全管理制度和规程，做到安全作业和检查有制可查，有据可依，有档备检。同过去相比，制度更完善，规范性更强，标准更具体；三是现场安全生产有了根本性的改变，安全生产环境得到了有效改善；四是安全生产氛围有了明显改善。从各级领导到岗位操作人员，人人都能够把遵循规章制度、遵守标准作业、维护整改成果当做责任，努力按标准化做好安全工作；五是建立了企业安全诚信体系、自我约束机制，促进了年度安全环保责任目标的实现。

8. 金川集团有限公司通过安全生产标准化建设促进科学卓越管理模式的做法

金川集团有限公司（以下简称“金川集团公司”）是采矿、选矿、冶炼、化工配套的大型有色冶金、化工联合企业，生产镍、铜、钴等稀有贵金属和硫酸、烧碱、液氯、盐酸、亚硫酸钠等化工产品以及有色金属深加工产品。

金川集团公司 2005 年作为甘肃省安监局确定的全省 6 家安全生产标准化试点单位之一，对标准化工作在金川金属矿山进行了推行，并分宣传学习、贯彻实施、考核改进和组织评审 4 个阶段逐步深入和推进。目前通过着力推行“安全生产标准化”建设，扎实有效地推进科学、卓越的“五阶段梯进式”安全管控模式，不断强化人、机、环匹配化建设，采用跟班写实调研、季度安全管理项目计划推进、安全守法审计等手段保障安全管理工作有效推进，提高安全保障能力。

金川集团公司通过安全生产标准化建设，促进科学卓越管理模式的做法如下：

（1）积极推进矿山、化工等单位安全生产标准化建设，建立自我约束、持续改进的安全生产长效机制

一是严格按照《金属非金属矿山安全标准化规范》和《金属非金属地下矿山、金属非金属露天矿山、尾矿库的安全标准化评定标准》，研究制订《金川集团公司安全标准化实施指导意见》，聘请专家来公司对管理人员进行安全生产标准化的培训和指导，认真组织开展安全生产标准化建设工作，各矿山单位根据《国家安监总局办公厅关于开展非煤矿山强基固本“五个一百”示范单位创建活动的通知》精神，结合公司开展的样板盘区创建活动，积极开展矿山安全生产标准化创建工作。经过国家安监总局审查评审，公司龙首矿、二矿区、三矿区于2010年8月被国家安监总局命名为“大中型金属非金属矿山安全标准化建设示范单位”。

二是矿山单位积极开展盘区安全生产标准化建设工作。通过规范管线架设、安全防护、进路规格控制、色彩管理、照明等方面管理，完善矿山标准化盘区建设的体制机制，修订完善井下标准化盘区验收标准，制订盘区创建考评办法，每月进行一次抽检，每季度进行一次全面综合评价验收，实行动态管理。对在综合评价验收中达到样板盘区的进行重奖，同时，对达不到标准化或已经被评为样板盘区、标准化盘区而又下滑的盘区进行经济处罚。通过一系列强有力的措施的实施，矿山标准化工作取得了良好成效，现场环境得到明显改善，设备故障率明显下降，劳动生产率得到提高，出矿品位得到提高和稳定，员工按标作业的执行力得到提升，矿山生产安全事故大幅度下降。

三是按照《危险化学品从业单位安全标准化通用规范》和《氯碱生产企业安全标准化实施指南》，组织化工厂积极开展安全生产标准化创建工作。委托咨询服务机构进行安全生产标准化工作的指导，严格按照单位自评、中介机构预评程序，对照标准，积极寻找差距，限期整改，不断提升标准化管理水平。2010年8月金川集团公司通过甘肃省安监局组织的验收，被命名为“危险化学品从业单位安全标准化二级企业”。

(2) 学习借鉴必和必拓先进管理经验，建立管理科学、运作有效的零伤害构架体系

按照金川集团公司制订的“一年降低事故总量，两年杜绝死亡事故，三年实现零伤害”的安全管理目标，公司组织人员赴澳大利亚考察学习必和必拓零伤害管理先进经验和做法，并邀请必和必拓安全专家来公司对“零伤害”管理进行指导培训，掌握必和必拓零伤害构架体系、零伤害管理体制和运作机制、领导安全管理模式以及作业现场本质安全化建设、员工安全培训教育、事故预防控制与责任追究、风险识别与控制等管理方法和理念。在系统地总结分析集团公司安全生产管理现状的基础上，研究提出了金川特色的零伤害理论模型，即无隐患＋零违章＝零伤害。并从设备机具本质安全化、工艺系统本质安全化、作业环境本质安全化、员工行为本质安全化四个系统，从方法引领、层级领导、设备机具、安全防护与人机隔离、工艺系统、厂区三区控制、作业区三区控制、安全确认、安全许可、岗前准入、行为训练和塑培教育“十二个管理层面”，以厂矿、车间、班组为单元，研究制定各层级的运行机制和过硬措施，狠抓落实，大力促进“人、机、环”科学匹配化建设，夯实公司实现零伤害目标的基础。

为持续改善安全生产状况，提高员工的安全技能和防范事故能力，最大限度地消除事故隐患，防止生产安全事故发生，确保安全生产，努力实现零伤害目标，金川集团公司实施全员安全生产承诺制度，组织所属各单位签订“零死亡承诺书”，各车间、班组签订了“无隐患、零违章、零伤害承诺书”，各级管理人员签订了“零违章管理承诺书”，生产操作员工均签订“零违章操作承诺书”。通过各层级安全生产承诺书的签订，明确承诺目标、承诺事项和践诺措施，有力地促进了安全生产责任制的落实。

(3) 扎实推进科学、卓越的安全管控模式

金川集团公司依据安全文化建设要求和安全管理发展形势提出多种科学、卓越的安全管控模式。

在全公司各主要生产单位和辅助单位所有班组实施岗前员工劳保品穿戴、安全操作规程掌握、特殊作业人员持证上岗、身体状况与精神状态五项安全准入和安全宣誓工作，员工上下楼梯扶扶手、驾乘车系安全带、厂区道路行走人行通道和斑马线、规范穿戴劳动防护用品等基本安全行为习惯正在逐步养成；研究重点、要害、危险岗位以及关键危险作业环节安全操作控制方法和手段。组织人员研究制定了重点要害岗位隐患排查标准与隐患整改核销流程，在危险要害岗位与关键环节实施手指口述本质安全确认操作法和挂牌走动巡检制，重点要害危险岗位和关键操作环节得到了有效控制；倡导“安全源于良好的领导力”的观念，公司各级领导和管理人员按照公司领导提出的“逢会必讲安全，下现场必检查安全”的精神，深入现场调查、协调和解决安全生产中存在的问题，检查指导安全生产工作，定期组织召开安委会或安全工作会议研究、安排和布置安全生产工作，许多影响安全生产的突出问题及时得到有效解决，安全责任进一步得到落实，安全责任区网络化与职能部门专业化管理步入规范化、标准化和流程化轨道。

大力实施人机隔离与安全防护工程，对危险作业环境和关键工艺系统按照三区控制进行管理。完成了 454 条 35 860 米皮带的安全防护，完善机械设备传动转动部位安全防护 5 672 处，完善平台、走台安全防护栏杆 2 389 米，对所有电气设备均进行了人机隔离，悬挂安全标识、警示标志 12 560 块，对 89 个危险要害岗位实行了“红区”控制，对各工艺系统 789 个关键变量参数实施了“三区”控制，在厂区主要交通道路与厂房交叉地带统一设置车辆减速带、画斑马线、设置道路交通凸面镜，在主要道路干线两侧桥架柱子刷防撞标志，道路交叉处刷黄黑警示标志，在主厂房设置人行通道、车行道、作业区等措施，促进人流、物流、车流规范有序，规范所有作业现场的各类管线架设，完善各类安全标识，提升现场安全文明生产水平。

钢铁、有色金属企业开展安全生产标准化建设的做法与经验评述

冶金行业与有色金属行业有许多相同之处，都具有生产过程长、生产环节多、生产作业人员多、危险因素多的特点，比较容易发生各种事故。因此，在这两个行业开展安全生产标准化活动，是十分必要的，也比较容易收到好的效果。

(1) 推进冶金和有色企业安全生产标准化的目的

我国是冶金生产和有色金属生产大国，钢铁产量和有色金属产量都很高。由于冶金、有色企业多，企业规模、装备水平、管理能力差异很大，特别是中小型企业的安全生产管理基础薄弱，生产工艺和装备水平较低，作业环境相对较差，事故隐患较多，伤亡事故时有发生。安全生产标准化是以隐患排查治理为基础，强调任何事故都是可以预防的理念，将传统的事后处理，转变为事前预防。

开展安全生产标准化工作，就是要求企业加强安全生产基础工作，建立严密、完整、有序的安全管理体系和规章制度，完善安全生产技术规范，使安全生产工作经常化、规范化和标准化。要求企业建立健全岗位标准，严格执行岗位标准，杜绝违章指挥、违章作业和违反劳动纪律现象，切实保障生产作业人员的安全。因此，全面推进安全生产标准化建设，是加强冶金行业和有色金属行业安全生产工作的客观需要，是对冶金行业和有色金属行业安全生产进行规范、提高的需要。

(2) 推进企业安全生产标准化建设的重点

从冶金企业和有色企业实施安全生产标准化的做法和经验来看，主要是从管理标准化、现场标准化、操作标准化三个标准化入手，以管理标准化为基础，完善管理体系，防范管理缺陷；以现场标准化为条件，整改现场隐患、改善现场秩序、提高现场本质安全水平，为生产作业人员提供舒适安全的环境；以操作标准化为核心，引导员工对照标准操作，规范作业，杜绝不安全行为。在这三个标准化中，管理标准化和现场标准化比较容易在短时间内做好，达到标准要求。相对来讲，操作标准化则是一个长期的过程，特别是引导员工对照标准规范作业，杜绝不安全行为，更是一个长期的过程。所以，在进行安全生产标准化建设过程中，要特别注重作业人员的操作标准化。

例如，在冶金企业安全生产标准化评定标准（炼钢）中，考评类目包括：安全生产目标、组织机构和职责、安全投入、法律法规与安全管理制度、教育培训、生产设备设施、作业安全、隐患排查和治理、重大危险源监控、职业健康、应急救援、事故报告调查和处理、绩效评定和持续改进。其中，作业安全考评的主要内容，包括生产现场管理和生产过程控制、作业行为管理、危险作业、警示标志和安全防护。这些内容细致而烦琐，而作业人员又处于动态之中，稍不留意就会疏忽，导致遗漏。因此，必须加以注意，即使安全生产标准化评审之后，从预防事故的角度，也必须做好这些工作。

下面，我们来分析攀钢轨梁厂二轧钢车间的事例。

攀钢轨梁厂二轧钢车间是轨梁厂型材生产的主要部门，这一环节的安全生产，直接影响到轨梁厂的产量和经济指标的完成。车间现有职工 234 人，由轧钢大班、热锯大班、备品班以及车间管理部门组成，共有 19 类岗位。主要生产设备为 950 轧机、800/850 轧机、1800 热锯机，采用的是 20 世纪 70 年代的设计，除检修、换辊、待热等作业之外，其他均为不间断作业。

从 1980 年至 2000 年 10 月，轨梁厂共发生工伤事故 302 起，二轧钢车间自投产以来共有 269 人次因工受伤。由此可以看出，二轧钢车间的安全生产在轨梁厂占有极其重要的位置。

二轧钢车间所发生的工伤事故具有以下特点：

● 伤亡事故时段集中。事故高发时段有三个：04：00—06：00，占 20.5%；08：00—10：00，占 31.8%；15：00—16：00，占 11.4%。这主要与人的生物节律有关，04：00—06：00 是夜班工人最疲劳的时候，而 08：00—10：00 和 15：00—16：00 正好处于交接班的时段。因此，在日常工作中应高度重视这三个时段的安全管理。

● 事故类别及区域集中。发生最多的事故类别分别是物体打击

(32.35%)、机械伤害(24.01%)、起重伤害(20.59%)。从事故发生地点来看，事故发生主要集中在800/850轧钢区和热锯区。

● 伤亡事故工种集中。伤亡事故发生最多的工种是轧钢工(38%)，清理工次之(28%)，第三是班组长(12%)。

● 伤亡的主要原因。发生的原因主要是违章和操作失误伤害他人，占事故总数的55.88%；其次是作业环境不良，占22.06%；缺乏安全操作和防护技能位居第三，占事故总数的10.29%。

● 设备故障频发。二轧钢车间的设备故障比较频繁，连续3年居高不下，年均故障总数达到了290起，年均故障时间达到了188小时，已对二轧钢的安全生产构成了严重威胁，其原因主要是由于设备落后，使用年限过长造成的。设备故障事故最多的故障类别是机械事故和电气事故，分别占设备故障总数的47%和37%。由此可以看出，导致二轧钢车间设备故障的主要原因是设备检查维护的问题。

● 生产作业环境欠佳。由于地理条件限制和历史原因，轨梁厂厂地紧张，二轧钢车间的生产现场极为拥挤。此外，还受到车间周边环境因素的影响，包括：工艺流程的因素；车间两侧布置的因素；由于投产时间长加之粉尘堆积，可能造成车间内的氧气和煤气管道标识模糊或有泄漏而不易发现的因素；作业环境恶劣，粉尘浓度高，噪声大，照明不良的因素等。

通过开展安全生产标准化工作，需要对引发事故的因素加以改进，重点在基层单位、一线生产班组以及参与生产作业的人员。

在作业安全考评内容中，对人员作业行为管理要求做到：

● 对生产作业过程中人的不安全行为进行辨识，并制定相应的控制措施。主要包括：①在没有排除故障的情况下操作，没有做好防护或提出警告；②在不安全的速度下操作；③使用不安全的设备或不安全地使用设备；④处于不安全的位置或不安全的操作姿势；⑤工作在运行中或有危险的设备上；⑥在存在职业危害的环境和场所中，未使用或正确佩戴劳动防护用品。

● 建立“三违”行为检查制度，明确人员行为监控的责任、方法、记录、考核等事项。

● 对生产作业过程中人的不安全行为进行辨识，并制定相应的控制措施。

● 设备大修应明确相应的指挥协调机构，制订检修方案、并进行论证、审批，明确各单位的安全职责。参加检修工作的单位，应在检修组织协调机构的统一指导下，按划分的作业地区与范围工作。检修现场应配备专职安全员。

● 检修中拆除的安全装置，检修完毕应及时恢复。安全防护装置的变更，应经安全部门同意，并做好记录归档。

● 设备检修和更换，必须严格执行各项安全制度和专业安全技术操作规程。检修前，应对检修人员进行安全教育，介绍现场工作环境和注意事项，做好施工现场安全交底。

● 设备检修完毕，应先做单项试车，然后联动试车。试车时，应严格按照设备操作程序进行。

武钢集团在开展安全生产标准化建设的实践中，特别注意了对事故的预防，从安全教育培训、危险源辨识及监控、危险作业管理、事故应急等管理环节，到现场规范管理、安全设施配置、安全作业条件确认、危险作业监护、作业人员防护等现场环节，以及操作人员遵章守纪、严格按规程操作等操作环节，抓全过程的安全控制，通过严、细、实的工作方法落实对事故的严密防范。这种做法是值得其他企业借鉴的。

(3) 推进企业安全生产标准化建设需要落实到班组

在企业生产作业过程中，引发事故的因素很多，但主要因素不外乎人、物、环境和管理。大量资料表明，人的不安全行为引发的事故，要比物、环境和管理等因素引发的事故比例高得多。因此，人的不安全行为是引发事故的主要因素。在预防事故上，是否能够超前控制员工的不安全行为，便成为能否保证安全生产的关键。在企业，员工都身处于班组之中，员工的生产作业离不开班组其他人员的协助与配合，超前控制员工的不安全行为，杜绝事故发生，也主要依赖于班组。所以，不论是开展安全生产标准化活动，还是开展其他安全生产活动，最后都需要落实到班组，通过班组发挥作用。

我们来看甘肃白银有色金属公司开展安全生产标准化的做法与效果。

甘肃白银有色金属公司（以下简称“白银公司”）是一个采矿、选矿、冶炼、化工、加工和科研一体化的特大型有色金属联合企业，有职工 5 万多人。由于建厂时间早，生产工艺复杂，危险因素多，因此安全生产的难度很大。

该公司从 1987 年开始，为了预防事故、保证安全，在班组进行安全生产标准化建设试点，随后逐步发展到车间、工厂（矿山），有力地强化了安全管理，大幅度地降低了伤亡事故，促进了生产经营的发展，形成了白银公司独特的安全生产管理模式。

白银公司安全生产标准化建设的内容，主要包括管理标准化、现场标准化和操作标准化三个方面。管理标准化主要强调基础管理、规章制度和原始记录，要求安全基础管理扎实，规章制度齐全，原始记录准确，实现正规化、科学化管理，标准中规定了“十项基本制度”“十种原始资料”等，用以规范人的思想和行为；现场标准化主要强调现场管理，生产现场实现文明、卫生、整洁，各种安全标志、标语齐全醒目，各种信号、保险防护及警报装置完整可靠，符合国家标准，安全通道畅通，给员工创造一个良好的工作环境和舒适的作业条件；操作标准化主要要求每个工种岗位都要制订科学的、可行的操作程序和动作标准，每名员工熟记并在操作中严格执行，以规范人的行为动作，使之达到最佳安全状态。上述三方面内容的关系是：管理标准化是基础，现场标准化是条件，操作标准化是根本。除此以外，白银公司还分别规定了创建安全生产标准化班组、车间和工厂的基本条件。

白银公司安全生产标准化建设的特点，一是立足基层，把着眼点放在班组、车间，先从班组抓起，始终强调基层的安全管理，为全面实现安全生产打下良好的基础；二是以人为本，重点抓人的安全意识的增强，抓人的安全生产自觉性的提高，抓人的安全行为的落实，从根本上控制人为事故的发生；三是目标明确，建立自我约束机制，每年都提出明确的奋斗目标，始终坚持高标准严要求，做到年年有创新，年年有发展，使企业安全管理落到实处；四是多级控制，实行公司、厂矿、车间、班组分级管理，形成多级递阶的管理模式，按照预先制订的管理标准和管理程序，一级抓一级，下级对上级负责，使整个安全管理有条不紊，科学合理；五是动态管理，形成良性循环的激励机制，不是达标后就一劳永逸，而是通过复查等手段，不断完善提高，优者保留，劣者淘汰。

白银公司通过安全生产标准化建设在全公司建立了一个比较规范的安全生产管理体系，创造了一种独特的安全生产管理模式。这种模式的基本结构是：根据企业的生产特点，从公司到厂矿、车间、班组，形成一个多级（递阶）控制系统：第一级是班组对单个人—机—环境子系统进行安全管理的“局部控制级”，主要功能是贯彻执行操作标准化和现场标准化；第二级和第三级是车间和厂（矿）对班组与车间进行安全管理的“递阶控制级”，主要功能是抓“十项基本制度”和“十种原始资料”等基础性工作，实行过程控制最优化；第四级是企业安全管理的顶层机构即公司，主要功能是抓各级“管理标准化”的落实，提出创建整体方案，协调各方面工作的“协调控制级”，使安全管理从无序状态过渡到有序状态，步入良性循环。

白银公司通过安全生产标准化建设，已经建成安全生产标准化班组 2 000 个，占总数的 96.4％。安全生产标准化建设使白银公司的安全管理取得了明显的成效：全员安全意识普遍提高，职工由过去的“要我安全”变为“我要安全”；伤亡事故大幅度减少，促进了企业管理水平的提高，推动了双文明建设，保障了公司生产经营的稳步发展。

白银公司安全生产标准化建设的做法，得到了国务院领导、全国总工会、国家安监总局及甘肃省等上级机关领导和专家的高度评价与充分肯定。原中国有色金属工业总公司先后三次在白银公司召开现场会，在全国有色系统推广白银公司的经验。

需要注意的是，白银公司开展的安全生产标准化建设，是从下而上，即从班组标准化开始，逐步推进到车间，然后是创建安全生产标准化工厂。目前大多数公司开展的安全生产标准化建设，是从上而下，即从公司（工厂）到生产车间，然后再到班组。故此，在安全生产标准化建设中，也需要像白银公司一样，把管理标准化、现场标准化和操作标准化三个方面的内容都落实到班组，并发挥积极的作用。

（二）机械制造企业开展安全生产标准化建设的做法与经验

9. 中国第一汽车集团公司科学规划积极推进安全生产标准化建设的做法

中国第一汽车集团公司（以下简称“一汽集团”）的前身为第一汽车制造厂，于1953年奠基兴建，1956年建成并投产。经过50多年的发展，一汽集团已经成为国内最大的汽车企业集团之一，拥有28家全资子公司，18家控股子公司；主营业务板块按领域划分为：研发、乘用车、商用车、毛坯零部件、辅助和衍生经济六大体系；产品包括解放、红旗、夏利3大自主品牌和大众、丰田、奥迪、马自达4大合资合作品牌系列。一汽集团现有员工13.2万人，资产总额1 340亿元。

50多年来，一汽集团始终保持着良好的安全生产记录，特别是通过全面开展安全质量标准化达标工作，安全生产体系建设、基础工作不断加强，设备设施本质安全性不断提高，集团公司各类工伤事故大幅下降。从2003年开始，连续多年获得吉林省安全生产优胜单位、荣获“全国‘安康杯’优胜企业”称号。

一汽集团在安全生产标准化建设方面，主要采取科学规划、积极推进的做法，收到了很好的效果。具体做法如下：

(1) 科学规划，稳步推进

2006年3月，一汽集团开始推进安全质量标准化创建工作，专门下发《开展安全质量标准化达标工作实施方案的通知》，对安全质量标准化创建工作采取统一部署、阶段推进的方法，对达标验收采取“一托二”的方式，即在对下属子公司进行评审时，将组织另2家子公司工作人员现场观摩学习，以点带面，全面推进，继而开展本单位的达标验收工作，以此类推不断跟进，确保扎实推进、取得实效。

一汽集团根据企业自身实际情况，制定了在5年内分三个阶段完成安全质量标准化一级企业创建工作的总体目标。

第一阶段是达标试点阶段。2007年确定11家子公司作为创建安全质量标准化一级企业达标试点单位，为全面推进安全质量标准化一级企业创建工作奠定基础，摸索经验。

第二阶段是全面推进阶段。2008年所属34个单位，按照上一年11家试点子公司的模式全面推进达标工作。截至2008年年底，集团所属45个单位通过标准化一级企业创建工作，占集团所属公司的80%。

第三阶段是全部完成阶段。2010年年底，集团所属单位全部完成一级企业达标工作。

(2) 编写标准，提升理念

为指导子公司安全质量标准化达标工作的有效开展，集团公司成立编审委员会，组织各类相关技术人员及安全管理人员461人，以《机械制造企业安全质量标准化工作指南》为依据，对《机械制造企业安全质量标准化考核标准》进行细化和分解，历时1年编写完成了《中国第一汽车集团公司安全质量实用标准》（简称《安全质量实用标准》），共分上、中、下 3 册，1 700 页，230 万字。2009 年《中国第一汽车集团公司安全质量实用标准》获得国家安监总局第四届“安全生产科技成果奖”二等奖和安全生产科技成果优秀推广项目。

《安全质量实用标准》中收录相关法律法规 22 篇，各类文件教材 558 篇，其中管理文件 37 篇，安全管理标准、安全操作规程、安全培训教材 361 篇，设备或岗位安全操作规程、培训教材 160 篇。《安全质量实用标准》的篇章设置与《机械制造企业安全质量标准化考核评级标准》原则对应，共分为 5 篇。第一篇为法律法规；第二篇为基础管理文件和标准；第三篇为设备设施的安全管理标准、安全操作规程和安全培训教材；第四篇为作业环境与职业健康管理文件和标准；第五篇为 2005—2006 年出事故班组的设备或岗位安全操作规程和培训教材。

为提高所属子公司领导对开展安全质量标准化活动的认识，一汽集团举办了 2 期所属子公司总经理和主管安全工作的高级经理参加的安全管理体系建设培训班，召开子公司安全质量标准化工作推进会，组织对各公司安全管理人员的培训，培训范围从集团到基层，培训人员从总经理到安全员，实现了对各级各类人员的培训。此外还培养了 60 名集团内部的安全质量标准化内审员，组成一支内部的专家队伍，保证安全质量标准化工作的持续开展。

(3) 学习借鉴，注重实效

在安全质量标准化推进过程中，一汽集团借鉴了国外合资合作企业先进的管理方法、理念，逐步在全集团内推广丰田体系“安全锁”设备防护设施和 KYT 活动（危险预知训练活动）方法，达到求同存异、共同提高的目的。

“安全锁”设备防护设施，就是在设备停止装置上加锁，确实维持停止状态、防止他人错误操作，是保证进入设备内部人员安全的手段。KYT活动是在短时间里进行的一种危险预知训练的活动，通过KYT活动提高人对危险的感受性、解决问题的意愿，提高对职场、作业自主的发现、把握，解决潜在的危险。

一汽集团还学习借鉴丰田公司的管理方法，制定《班组安全管理标准》，并组织制作《班前安全会》和《14/28安全活动日、危险源辨识、危险源点检》等班组安全管理系列培训光盘，光盘全部发放到所有的班组，要求以班组为单位，组织安全知识、操作规程的学习，进行典型事故案例分析，开展安全活动等。

(4) 认真整改，注重实效

为提高集团整体安全管理水平，一汽集团在安全质量标准化过程中注重实效，强化培训，营造安全氛围，提高生产现场设备设施的本质安全，配齐安全警示标识。如一汽吉林汽车有限公司，在全公司范围内开展了安全质量标准化知识培训学习和创建宣传活动，在各单位醒目位置悬挂安全质量标准化咨询、预复评、复评倒计时牌，这一在全国首创的举措，营造了安全质量标准化创建工作的氛围。

在开展安全质量标准化过程中，各单位注重对事故隐患的整改。例如，一汽轿车股份有限公司对53台原380 V和220 V电压起重机控制装置进行全面改造，改为安全电压，加装急停按钮盒、电源信号灯、下限位器、上限位器等，提高了设备设施的本质安全性。同时还制作了安全警示标志牌、危险化学品使用现场安全告知牌、防雷及电网接地标志等各类标志共4 514个，使工厂所有角落都有警示标志，消灭了不安全因素。再如一汽富维公司冲压件分公司涂焊车间焊接工段，对作业现场重新布局，投入13万元对焊接车间进行通风改造，并对标识牌进行补充完善，对占道物资进行了清理，重新划线，令生产现场焕然一新。

据统计，通过安全质量标准化建设，一汽集团查找各类问题47 083个，整改率达99.9%，投入资金8 625.6万元。

(5) 推动创建安全标准化班组活动

截至2008年年底，一汽集团有31家单位通过安全质量标准化一级企业创建。随着物的不安全状态得到有效改善，一汽集团将工作重点转向如何避免人的不安全行为（“三违”行为）的出现，以推动安全质量标准化一级企业创建工作向纵深发展。

2009年，一汽集团决定将“抓双基、重细节、反三违、查隐患、促整改”作为今后一段时间安全工作的重点，在通过安全生产标准化一级企业的31家单位中开展创建安全标准化班组活动，力争用3年时间，将这些单位的生产班组、辅助生产班组创建成“安全管理目视化、安全记录准时化、生产作业标准化、作业现场定置化、安全活动规范化”的安全生产标准化班组。

为使班组达标活动取得预期效果，一汽集团在多次征求工会、子公司意见后，下发《关于开展创建安全标准化班组活动的通知》，对“创建安全标准化班组活动”进行了周密筹划，并采取典型引路、分类指导等一系列措施，保证班组达标活动有效开展。

在一汽集团开展安全生产标准化工作过程中，各级评审专家在生产现场第一线与员工面对面地交流，最大限度地消除员工身边的隐患，使员工充分认识到，安全生产标准化是保护员工切身利益的最有效方法。安全生产标准化企业的创建以及班组达标活动的开展，强化了集团安全系统机构设置、人员配备，整体安全管理水平进一步提高，生产现场设备设施本质安全性大幅提高，为职工创造了更加安全的工作环境，企业呈现出和谐、平安、健康的局面。（杨众、杨中华）

10. 一汽专用汽车有限公司实施安全生产标准化的具体做法

一汽专用汽车有限公司（以下简称“专汽公司”）前身为一汽专用车厂，是一汽集团公司的全资子公司，成立于2003年。公司集整车、底盘及汽车零部件制造于一体，具有较强的装配、调试、锻造、机加、热处理、结构焊接、工装模具制造能力以及质量检测手段，现有员工 1 100 余人。

在实施安全生产标准化建设过程中，公司把握大局、注重细节，扎实推进，取得了明显的效果。具体做法如下：

(1) 领导重视，组织健全

2006 年年初，公司正式提出开展安全质量标准化工作，并于 2006 年 12 月正式启动了创建国家一级安全质量标准化企业工作，召开了“专汽公司安全保障暨安全质量标准化工作动员会”，公司领导就开展安全质量标准化工作的具体要求做了部署。公司总经理在会上强调：“安全工作是全公司的头等大事，不容忽视。集团公司组织开展的安全质量标准化工作要做到有序、有计划地推进，一定要在标准化开展过程中主动发挥作用，要从设施上来保证安全，班组长作为管理者应该去管理、去纠正、去整改。”

为保证安全质量标准化工作的开展，专汽公司成立了以公司总经理为组长，分管安全生产的副总经理为副组长，各职能部门主要负责人及专业人员组成的安全质量标准化工作领导小组，下设基础管理、热工、燃爆、电气、机械、作业环境与职业健康 6 个专业小组。办公室设在生产安全部，具体负责组织、检查、指导，落实安全质量标准化的日常推进工作。

(2) 层层动员，培训提高

为了推进安全质量标准化工作的开展，公司在 2008 年 1 月利用一个月的时间，分别组织举办了二级经理、班组长和安全员参加的标准化培训班，邀请专家来公司授课。由于安全质量标准化工作是涉及企业全员、全方位、全过程的系统工作，为使公司全员对安全质量标准化工作知识能有一定的掌握，便于执行，公司生产安全部和人力资源部联合举办了全员安全质量标准化知识的培训学习。考虑到公司生产的实际情况，制定具体的培训计划，并按计划逐个单位地实施培训，总计培训人数达到 1 170 人。

为使公司自评各个专业工作组组长及成员和各单位二级经理能

够了解、理解和掌握评审标准，公司购买了《机械制造企业安全质量标准化工作指南》80 本，并下发给他们进行学习。同时公司生产安全部分别组织对六个专业组成员和各车间主任及安全员进行专业评审标准的培训。

(3) 制订计划，有序实施

为保证创建工作按期完成，公司正式下发文件，对开展安全质量标准化工作的组织机构、工作程序、工作进度作出计划安排，明确责任，并对安全质量标准化工作的具体时间节点和工作任务作了进一步修改和完善。下发了基础管理、电气、机械、热工、燃爆、作业环境与职业健康考评标准，工作进度和考评检查表，并要求各工作组严格按照标准自评。

从 2007 年 11 月开始，在公司安全质量标准化领导小组的总体部署下，在专业组的技术指导下，各单位开展自查、自评活动，对发现的问题组织整改消项。经过自查、自评，共查出各类问题 2 241 项，并全部整改消项。2008 年 3 月，中国机械工业安全卫生协会专家对公司进行安全质量标准化咨询，共提出 773 项整改问题，预复评提出 130 项问题。对此，公司组织召开了整改布置落实会，提出下一步的整改要求，切实按标准进行整改。

(4) 筹集资金，完成整改

公司在资金短缺的情况下，筹集投入整改资金 132.12 万元，对自查、咨询、预复评发现的 3 144 项问题，整改完成 3 120 项，整改率达到 99.24%。从而使各种设备设施的安全化程度和完好状态得到提高，作业环境得到明显改善，企业的本质化安全得到提升。

具体整改工作如下：

● 基础管理方面。根据《机械制造企业安全质量标准化工作指南》要求，建立并修改完善了 20 项安全生产规章制度，包括：修订完善安全生产责任制 7 个，新增安全管理制度 3 个，修订完善安全管理制度 6 个，修订安全操作规程 4 个。落实执行相关方安全管理，目前已签订相关方安全管理协议55份。加强作业现场的监督检查，严格落实月份安全管理考核，及时教育，纠正作业现场的各种不安全行为。

● 机械方面。对铣床工作台等更换蘑菇头按钮60多只；对4台台式钻床进行电气改造，增加急停装置；对1台校平机、1台剪扳机增加联锁急停钮；将普通脚踏开关更换为三面防护脚踏开关31个；采用不锈钢蛇皮管对车床、钻床、铣床进行彻底整改，解决蛇皮管破损、脱落230余处；对压面机、搅肉机、和面机等4台炊事机械加装电气联锁，安装防护罩；对3台单梁天车加装遥控器，对100多台电葫芦控制箱进行改造，采用单钢丝葫芦电缆及新型防雨带蘑菇头起重按钮，提高其整体安全性等。

● 电气方面。绘制张贴电气线路图160余张；定制配电柜8台（锻造7台、热处理1台）；焊制配电柜围栏5个，做配电柜接地排6个。对变电所66 kV高压场地设备、高压室设备、控制室设备等进行检查、清洁和保养；对66 kV新避雷器进行试验；对变电所高压室窗户增设防护网19个；对变电所内重新安装隔离护网82米（高2.1米）；对各车间的低压闸柜9个、变压器14个进行检查、清洁和保养；对空压站、变电所、锅炉房重点部位安装告示牌5个等。

● 热工燃爆方面。增加灭火器45具、水雾灭火车4个、墙壁消火栓5个、防毒面具10个、灭火毯6个；油库更新加油机1台；维修和检测室外消火栓5处、室内消火栓21处；增设室内消火栓5处、安全出口指示牌8个、消防应急照明灯5具等。

● 作业环境与职业健康方面。对桥件车间、齿轮车间、辅加车间、齿轮热处理车间进行地面维修，对锻造车间及下料段、结构车间进行室内外地面维修，共计地面维修面积349.45平方米；自制现场目视板86个，定置定位标识牌架151个；为解决机床之间间距不足和防止铁屑飞溅，自制隔离护网125个；定购各种标志标识牌424块：化学品标识牌27块、定置定位标识牌110块、厂内交通标志牌

30 块、消防标识牌 124 块、安全警示标志牌 74 块、厂房门标志牌 10 块、工厂建筑标志牌 49 块。

推进安全质量标准化创建工作，是加强企业安全生产工作的一项基础性、长期性的工作，是提高公司安全管理整体水平的重要途径。公司将在创建一级安全质量标准化企业的基础上，以积极务实的态度，扎实认真的作风，不断改进安全管理工作中出现的新问题、新矛盾，并巩固和提高创建工作成果。（王强、庞凤山、周福）

11. 中国北车集团大连机车车辆有限公司创建国家安全质量标准化一级企业的做法

中国北车集团大连机车车辆有限公司（以下简称“大连机车车辆公司”），原为铁道部大连机车车辆厂，始建于 1899 年，2004 年改制为股份制公司，是国有重点大型企业，主要生产内燃机车、电力机车、城市轨道车辆、铁路货车、中速大功率柴油机和各种机车车辆配件产品。

为保证企业的人、机、环境始终处于安全和谐状态下运行，公司 2004 年根据《机械制造企业安全质量标准化考核评级标准》，开展了安全质量标准化建设工作，制定了达标活动措施计划以及危险源的监控和治理工作，查找整治设备设施的不安全因素，使公司安全基础管理、设备设施、作业环境、职业危害等均达到安全质量标准化考评标准。2005 年 12 月，大连机车车辆公司获得首批国家安全质量标准化一级企业称号。

在创建国家安全质量标准化一级企业的过程中，大连机车车辆公司的主要做法是：

(1) 强化组织领导，组织培训学习

为建立健全安全质量标准化建设组织机构，公司成立了以总经理为组长，主管生产安全的副总经理为副组长和职能部门负责人为组员的达标活动领导小组，同时成立达标推进办公室，制定了达标活动时间表。在此基础上，公司成立了基础管理、燃爆、热工、电气、机械、作业环境与职业健康 6 个专业组，确定了责任人。购买了 150 多套《机械制造企业安全质量标准化指南》下发到各基层单位，组织车间、班组学习，并邀请评审专家来公司进行标准培训和现场咨询。为了实现全员参与、人人掌握，在全公司进行了安全质量标准化知识培训，3 000 人参加了培训及考试。

(2) 按照规范整改，提高安全水平

通过开展安全质量标准化活动，公司建立健全了各种规程、运行程序等安全质量标准，将公司的各个部门、各个环节的安全生产工作形成一个相互协调、相互促进的有机整体。

● 基础管理方面。公司完善了安全管理工作体系，制定和修订了各种安全生产规章制度 56 种，补充完善各级安全生产责任制 46 种，进一步明确了各级安全管理人员的工作职责、工作规范、工作流程、工作重点、记录要求等；重新组织修订了岗位安全技术操作规程，计 35 万字、484 项；新制定安全生产应急预案，在全公司范围内组织生产事故应急救援演练；加强相关方安全管理，不仅签订安全协议，还对每个外来人员进行安全教育和考核，保证了外来人员的安全管理，同时使现场监督检查更加规范。

● 机械安全方面。公司在 60 多条天车运输滑线前端安装了电源指示灯；对 500 多米的防护栏进行了改造，使高度达到国家标准规定的 1 050 mm。对所有缺失的机床开关操作箱进行了完善；对木工刨床缺少旋转部位防护罩、机床蛇皮管脱落、剪床脚踏开关缺护罩等进行了整改。为增强设备的安全性能，大连机车车辆公司还陆续对桥式起重机加装第二套起升限位装置，共加装了 65 台，提高了设备的安全系数。

● 电气方面。公司对 500 多个动力（照明）配电箱进行了更换，对 3 200 多个动力（照明）配电箱全部建档，箱体外做了编号，动力箱内部全部做了标识，对 67 个防雷接地点全部做了编号标识，并进行 100％的监测，对所有移动式电焊机全部建档编号、监测，规范了一二次接线，增加了电焊机的防护罩，为保障安全，电焊机上全部加装了电源开关。对77台一类手持电动工具全部编号、监测建档，在有电源插座处全部安装了漏电保护器。对安全标识、信号报警联锁装置等问题进行了整改。

● 热工燃爆方面。公司对油库进行了全面整改，在油库周围加装了防护围栏，防护栏周围用大红字做了警示标语和标识，配备了阻火器、呼吸阀，安装了避雷装置、防静电装置，并配置了静电报警仪，配备了防爆电器、报警电话、通风设施，油库地面全部进行了水泥硬化，安装了现代化的油位检测仪。同时规范了工业气瓶使用、存放管理，现场使用的气瓶全部采取了防倾倒措施。

● 作业环境方面。公司对厂区主干道、人行道、停车区重新布局规范管理，重新标线，重新定位停车区域，车辆定置摆放。车间的通道进行了规划并重新划线。规范设备、工装夹具、产品架的定置定位摆放，对占道物资进行了清理，保持了通道畅通。对构件车间砂轮打磨厂房粉尘处理未达标，物资部物品数量区域超线，物品与墙距、柱距不符合安全距离等问题进行了整改。

（3）强化基础管理，积极排查隐患

在创建安全质量标准化活动中，公司从保护员工安全作业和身心健康出发，强化基础安全管理，严格执行安全生产责任制，落实安全技术措施计划，积极做好安全生产责任制落实、危险源辨识、事故隐患排查这三方面的工作。

● 严格执行安全生产责任制。公司通过创建安全质量标准化活动，进一步完善了领导干部安全检查、问责制度，按照逐级负责的原则，建立安全绩效考核评价制度，将考核评价结果与收入分配、岗位任职挂钩，通过逐级考核评价，促进安全责任的全面落实。

● 开展危险源辨识。公司在创建安全质量标准化达标活动中全面进行危险源辨识，查隐患并及时整治，直至消除事故隐患。2008年，公司对危险源重新进行辨识和评价，辨识出危险源896项，比

2007 年增加了 153 项。对确定的危险源，公司全部制定了控制措施。几年来，公司共投入资金 2 200 多万元，优化生产布局，消除事故隐患，改善车间生产环境，提高现场管理水平，确保安全文明生产。

● 强化隐患整改。在隐患排查过程中，公司在安全管理各专业检查中严格执行安全质量标准要求，对发现的问题及时整改，对有较大难度或需要资金投入的，制定实施方案，列出整改计划进行治理。2008 年，公司投入近 400 万元对不符合安全标准要求的问题进行改造。在安全基础管理上，安全生产主管部门按照标准要求，随时进行规章制度的建立和修订，从而确保了公司在安全基础管理、设备设施管理等方面检查有依据、执行有标准。（孙健）

12. 中国北车集团长春轨道客车股份有限公司保证资金投入创建安全质量标准化企业的经验

中国北车集团长春轨道客车股份有限公司（以下简称“长客公司”）的前身是长春客车厂，始建于 1954 年，是国家“一五”期间的 156 个重点建设项目之一。长客公司是我国最大的轨道客车生产基地，有铁路客车和轨道车辆两大生产系统。经过 50 多年的建设和发展，长客公司目前已经成为我国最大的铁路客车和城市轨道车辆的研发、制造和出口基地。

长客公司的安全管理工作具有良好的基础，已连续 16 年实现“零死亡、无重伤”的安全管理目标，无重大安全生产事故发生，无重大中毒、中暑事故发生。但是公司并不满足现状，针对安全生产管理的理念、机制相对落后，标准不高，要求不严，部分装备技术落后，保护不全，存在诸多安全隐患等问题，于 2005 年 10 月，全面启动了安全质量标准化工作。2006 年 7 月，长客公司以 968.35 分通过了安全质量标准化一级企业评审。

长客公司在安全管理方面的做法如下：

(1) 开通“绿色”新通道保证资金投入

在企业安全管理工作中，长客公司领导深刻认识到推进安全生产标准化建设，是企业科学发展、安全发展的根本需要，是企业提升竞争力的重要保障。为此，公司以积极务实的态度，开展了安全质量标准化工作创建工作，并把这一工作作为实现安全生产绩效的有效抓手。

为促使管理人员和全体员工全面了解标准内容，公司组织安全管理人员学习贯彻《机械制造企业安全质量标准化工作指南》，并利用板报、电子屏幕、厂报、广播、互联网等多种形式将标准贯彻到每名员工，并明确提出创建国家一级安全质量标准化企业的目标。

由于整改项目涵盖了方方面面，这就需要大量资金的投入。为确保目标的实现，公司开通“绿色”新通道，将所有需要整改的项目按专业分配给各主管部门，实现了管理便捷，专业对口，不走弯路。2006 年安全质量标准化创建期间，各部门所列费用超出计划的，如果是因为安全质量标准化整改而超出的一律放行。此外，在整改实施过程中，公司还简化审批程序，实行“特事特办”、专款专用的简洁快速实施程序，缩短了整改周期，确保整改工作的顺利完成。

在安全质量标准化创建过程中，长客公司投入整改资金 600 多万元，整改隐患 800 多项。如机械方面，针对同一轨道内运行的多台天车存在碰撞的现象，加装了 90 个互锁限位；完善了所有天车的扫轨板；对 72 处天车端头止挡进行了改造；加装了天车连轴节保护器 16 处，加装天车梯子 5 处；对 12 处电梯加装了报警系统；对 34 台砂轮机加装了除尘装置。作业环境和职业健康方面，在使用乙炔气、切割气等可燃气体的工作场地配置了可燃气体检测仪；完成了对 140 个有毒有害作业点的识别和监测；对在岗期间职业危害作业人员 1 788 人进行了职业健康体检等。

(2) 完善新内容规范人员行为

长客公司在 2002 年建立职业安全健康管理体系、形成一整套安全管理制度的基础上，为创建安全质量标准化、适应新形势，对应新标准对原有安全管理制度进行了健全和完善。

为使企业安全管理工作部门明确、程序清晰，公司新制定程序文件 5 个，分别是：《易燃易爆场所管理程序》，规范了易燃易爆场所从新建到日常安全管理的内容；《劳动合同安全监督管理程序》，将员工应该享有的劳动安全权益写入劳动合同；《防尘防毒设施管理程序》，规范了防尘防毒设施的日常安全管理和维护；《安全防护设备管理程序》，规范了安全防护设备的日常管理和维护；《女员工和未成年人保护管理程序》，规范和明确了对女工和未成年人的管理。同时对《电气安全管理程序》《危险源辨识、风险评价和控制程序》等 17 个程序文件进行了修订，并完善了安全生产责任制，理顺了各部门、各级管理人员和全体员工的安全职责，初步形成了分级管理、分线负责的安全管理网络，实现了安全管理工作的程序化、标准化。

通过与安全质量标准化专家组的交流，公司还对 371 项安全技术操作规程进行了全面的细化和补充，增加了岗位危险源和应急处理内容，不仅让员工知道怎样正确操作，还让员工知道潜在的风险，以及发生事故后如何正确处理。如公司通过安措项目购买了喷漆作业洗眼器，在《喷漆作业安全技术操作规程》中增加了“当油漆溅入眼睛后，不得用手搓揉，应立即到洗眼器旁进行冲洗”的应急措施。为能够及时、有效地组织应急救援行动，公司在学习标准的基础上，根据危险源的分布，重新制定了总体应急预案、针对 10 个不同场所和事件的专项应急预案，建立了事故应急体系。

(3) 运用新技术消除事故隐患

为推进安全质量标准化创建工作，长客公司不仅成立了以总经理为组长、生产副总经理为副组长、相关部门领导为组员的领导小组，还配套成立了由各类专业人员组成的基础管理、燃爆、作业环境与职业健康、机械、电气、热工 6 个推进小组。各小组和基层单位对照《机械制造企业安全质量标准化指南》对作业现场反复排查，共发现各类问题 500 多项（类）。各类专业人员深入现场，和车间员工一道具体问题具体分析，针对存在的问题逐项落实。如铸造分公司现场存在多台移动地平车，这种地平车采用 220 V 交流电源驱动，而电线部分长期拖地使用，存在极大的安全隐患，也不符合标准的要求。为此，铸造分公司多次组织技术人员研讨解决方案，并且走访其他单位寻求解决办法，最后确定了在地面挖母线槽，上面盖上活动盖板，移动地平车通过滑线获取电源的方法，这样既美观，安全隐患又得到了彻底的整改。

在标准化预评审中，考核专家提出公司使用的吊具没有按重量加以区分，建议在每条吊具上挂上标识牌加以区分，但是这种方法在实际使用中存在标识牌易磨损、易丢失的问题，并且重量的选取上不够科学。公司转向架厂安全员通过翻阅有关资料和标准，提出了在每个钢丝绳存放架上设置固定标识牌的做法。这种标识牌清楚地标明，如何按照吊物的重量和吊物时吊具所形成的角度来确定应该采取何种直径的吊具，再通过简单的量取，即可选择出合适的吊具。目前，公司这种固定标识牌已经全面推广，在实践中得到了广泛的认可。

长客公司各单位在实施过程中不是简单地做到符合标准，而是积极做到高标准、高要求。如公司转向架厂焊接使用的气瓶种类多、数量大，以前气瓶在使用中都是绑在柱子上或者电焊机上作为防倾倒措施，标准上并没有说这样做不符合要求，但转向架厂自检后认为这样至少是标准不高，便筹措经费定做了大量专用放置架。现在生产现场摆放的气瓶整齐美观、安全可靠。

为改善公司员工的作业安全和健康条件，长客公司从安全舒适工作的角度出发，用机械手焊接逐步取代人工焊接，从普通的机加设备逐步更新为现代化的加工中心，将老式冲剪压设备逐步更换成具有红外线防护的冲剪压设备，以螺杆式空压机取代活塞式空压机，采用 3 套先进的锅炉水位监控系统取代老式监控系统等。特别是 2006 年的 200 km/h 动车组项目改造，长客公司对现有设备设施、工装台位等进行改造，大量引进了国际先进设备。如公司装配现场可调节走台。原来公司产品单一，使用的装配走台都是固定式的，因为公司产品升级换代以及产品的多样性，不同车型的宽窄不一，导致原走台在生产作业时与车体间有较大空隙，存在高处坠落的风险。在 200 km/h 动车组项目改造过程中，公司引入法国阿尔斯通生产工艺，将装配走台更换为可调节的，保证走台适应不同车型，确保人员作业安全。（朱连志、龚雨、盛立）

13. 天津机辆轨道交通装备有限责任公司认真整改推进安全质量标准化建设的经验

天津机辆轨道交通装备有限责任公司是中国北车股份有限公司的全资子公司，前身为天津机车车辆机械厂，始建于 1909 年。主要产品有涡轮增压器、缓冲器、调速器、制动机等九大系列，广泛应用于内燃、电力机车，客车、货车车辆等众多领域，已经成为我国轨道交通装备配件的研发和制造基地。

公司于 2009 年 4 月 1 日决定开展安全质量标准化创建工作，到 2010 年 2 月 9 日，以 954.43 分的成绩顺利通过了国家一级安全质量标准化企业的复评。在这个过程中，公司坚持树立信心，健全组织，严格制度，精细策划，认真整改，巩固成果，得到天津市、区两级安全主管部门的充分肯定，也得到集团公司领导的认可。

公司创建国家一级安全质量标准化企业的做法如下：

(1) 坚定信心是创建取胜的法宝

公司在启动创建国家一级安全质量标准化企业时，正是企业经营形势最困难的时期，需要面对生产任务量不足、工作不饱满、资金紧张、职工收入低情绪不稳定的困难局面。在这样困难的情况下，是创建还是不创建？公司领导层清醒地认识到：“安全生产，人命关天。企业越困难越不能发生人身伤害事故，因为我们的财力、物力、人力、精力都不允许我们出事故。我们要全力以赴地从根本上关心职工，做到以人为本、关爱健康、珍惜生命。”经领导班子集体研究决定，把安全质量标准化创建工作作为凝聚人心的民心工程，下定决心开展创建一级安全质量标准化企业的活动。

为了及时消除部分员工对创建活动的消极情绪，公司邀请专家来公司进行指导，一方面检查已经完成的整改是否达到标准，另一方面给大家增强信心。在公司领导的动员和鼓励下，在咨询专家的指导下，公司全体员工干劲倍增，不怕酷暑、加班加点，甚至利用工休日时间认真整改。经过几个月的共同努力，在复评和预评时得到高度的肯定与鼓励，使各级人员增强了信心，增加了干劲，坚定了达标的信念。

（2）健全组织、严格制度是创建取胜的保障

2009 年 4 月，公司下发了《关于开展安全质量标准化一级企业考评工作的通知》和《公司安全质量标准化一级企业考评工作实施方案》，并做了以下工作：

● 成立了以总经理为组长、主管生产安全的副总经理为副组长的领导小组；成立基础管理、热工燃爆、电气、机械设备、作业环境与职业健康五个专业组；各分厂车间成立以第一管理者为组长的领导小组和工作组。

● 创建办公室根据各部室业务职能分工，将安全质量标准化的考评项目进行归口承包，各部室再将其细化分解至相关人员；分厂车间也安排对应的工作人员。在此次创建工作中，形成了由 3 个组长单位、10 个职能部室、7 个分厂车间、67 名人员组成的组织保障体系，负责 62 个考评项目的组织与推动。

● 严格进度安排。考评工作大体分为 6 个阶段，即准备阶段、咨询阶段、咨询整改与自查阶段、预复评阶段、预复评整改与自查阶段、复评阶段。

● 明确创建工作要求。本着“分级管理、分线负责”的原则，独立自主地组织本专业组、本单位的考评工作，“保质保量、保节点”地完成各项工作。

● 建立制度。包括专题会制度、信息通报制度、整改周报制度、监督考核制度、签订承诺书制度、影像对比制度等。

(3) 实事求是、措施得当是创建取胜的重要环节

针对查出的各类隐患、整改方案及资金保障等问题，公司下发了关于《创建安全质量标准化一级企业整改工作要求》的通知，明确了以下要求和应对措施：

● 分解考评项目与目标分值。公司将62项考评项目与940分的目标分值，分解到各职能部室，同时签订承诺书。

● 分类整改。将所有隐患进行梳理，分为A、B、C三类，分别采取不同方式安排整改。

A类：为无须投资或基层单位少量投资可以立即整改的项目。主要包括：文明生产、现场定置、清洁卫生等方面的内容。具体措施为：一是加强生产现场的管理与考核；二是在全公司范围内开展杜绝违章作业活动；三是确定每周二下午一个半小时为生产单位现场整顿时间，每周四下午进行现场检查指导，每周五将整改情况进行通报。

B类：为需要资金但不构成固定资产的项目。重点是设备设施的安全防护装置的修整与恢复，此类是此次创建工作整改的重点。经归类共计30项，计划投资180万元。为缓解资金压力，确保整改进度，公司将整改工作逐项、逐月进行分解，同时严格资金审批程序，任何单位不得随意更改整改安排或费用计划，对此类整改情况安技环保部每周进行一次通报。

C类：为投资较大且形成固定资产项目。原则上不是此次整改的重点，一方面将其列入公司设备更新改造计划，另一方面在公司长远规划时一并考虑。

● 实行整改补贴制度。针对B类问题的整改，为减少资金投入，调动员工自我整改的积极性，公司决定对自行组织职工整改的单位实行工资补贴。这一方面激励生产单位组织整改的积极性，另一方面减少因任务量不足、收入下降而导致职工队伍的不稳定。

(4) 精细策划、认真整改是创建取胜的根本

经过精细策划、认真整改，安全质量标准化创建工作取得了显著成果。咨询和预复评期间共查出不符合项851项，企业自查2 394项，共计3 245项，整改完成了2 968项，整改率达91.46%。整改主要体现在以下方面：

● 基础管理方面。健全机构、补充人员；修改了7项规章制度，新制定12个操作规程；对38个重大风险源制定了应急救援预案、制作了标识并组织了演练；进行了836人次的安全操作规程教育考试、对103名特种作业人员进行了培训；开展了合格班组达标竞赛活动，合格班组达85%以上，优秀班组达15%以上；对整改工作进行拍照，实行“目视”管理和教育。

● 热工燃爆方面。新建一座危险化学品库；更新4台储气罐、两辆叉车、一辆轻卡、一台天车；对特种设备进行年检；解决了部分厂房漏雨问题；加强了对工业气瓶的管理；对油库油罐完善了跨接线，安装了液位计；完善了涂装作业场所的警示标识和应急预案；空压站设置了急停按钮；对全厂所有重要建筑物、危险化学品库全部制作了标识；治理了抛丸机的漏沙问题。

● 电气方面。将裸露的开关板改为箱式配电箱；电源插座加装了漏电保护器；刀闸开关改为空气开关；完善了所有配电箱裸露母排的防护；完善了防雷接地和重复接地；对10 kV的负荷开关加装了带电显示器。

● 机械方面。对61台钻床、电动葫芦操作手柄、冲剪压设备加装了急停按钮；对吊索具进行了检测，完善了吊钩的防松脱装置和天车三相滑线指示灯及护线板，调整了部分天车轨道；牛头刨加装了安全防护装置；完善了数控机床的门机联锁；对冲剪压设备加装了防护栏，脚踏开关加装了防护罩。

● 作业环境方面。对530名尘毒作业人员进行体检；对有毒有害作业点进行监测，并将体检与监测结果进行公示，尊重职工的知情权；建立职业危害健康档案；厂区道路划出了分道线；对全厂消火栓进行维护；配备厂区垃圾箱；车间开展了定置管理；建立了现场清理整顿制度，内外环境发生了很大的变化。

在整改后的座谈会上，很多职工表示：通过这次创建工作，全面地提升了职工的安全意识和自我保护意识，对企业为职工做的大量实实在在的事情表示发自内心的感谢。公司通过创建工作，凝聚了人心，使职工更加热爱企业，热爱本职工作。

通过国家一级安全质量标准化企业复评后，不仅使公司的安全生产工作迈上了一个新的台阶，更为企业积累了艰苦创业、勇往直前、团结一心、战胜困难的精神财富。通过创建工作，使公司的本质安全度和各项管理得到了明显提高。(张展福)

14. 宝鸡合力叉车厂实施安全生产标准化推进企业全方位发展的做法

宝鸡合力叉车厂是我国第一家生产叉车的专业化企业，1997 年被安徽叉车集团公司整体兼并改制，主要生产各种类型叉车，在岗员工 731 人，专业技术人员占员工总数的 34%。

2005 年，该厂开展安全生产标准化工作以来，对照标准，认真自查整改，于 2006 年成为西北地区首批一级安全生产标准化企业。2010 年 9 月，经专家组认真细致的现场考评，通过国家一级安全生产标准化企业周期性考评工作，再次取得安全管理成果。

宝鸡合力叉车厂创建安全生产标准化一级企业的做法如下：

(1) 强化安全管理，构建安全生产长效机制

该厂多年来始终把企业的安全管理工作放在首位，认真贯彻执行“安全第一，预防为主，综合治理”的方针，以体系构建为保障，以制度建设为规范，以全员参与为基础，以加强预防为核心，以《安全生产法》等安全法律法规为准则，全面推进企业安全生产管理规范化和标准化。

随着企业的快速发展，该厂领导深刻地认识到安全管理工作对企业发展的重要意义。2005 年以来，通过认真学习和贯彻实施《机械制造企业安全质量标准化工作指南》，积极开展安全生产标准化工作，促进了企业建立自我约束、持续改进的安全生产长效机制，进一步推动企业安全管理工作上台阶，有力地保障了员工安全健康和企业生产经营的快速发展。

在开展安全生产标准化工作中，该厂主要开展了以下几个方面的工作：

● 建立安全生产标准化企业组织体系。成立了以厂长为组长，党委书记、各副厂长为副组长，有关部门一把手为成员的厂安全生产标准化工作领导小组，组建了基础管理、热工燃爆、电气、机械、作业环境与职业健康五个专业指导组和一个宣传组，设立了厂安全生产标准化工作办公室，对安全生产标准化工作做了全面的安排和部署。各部门也相应建立了以部门一把手为组长的创建整改工作小组，按照考评专业配备了对应的专业人员，建立了分级管理、分线负责的组织机构。

● 加强管理人员对标准的学习和理解。2005 年 10 月，公司开始组织前期的标准学习、摸排企业现状，提出了创建工作初步计划。2006 年 3 月至 2010 年 9 月，先后多次邀请专家来厂进行标准培训、现场咨询，对全厂 80 多名骨干进行了专业培训，同时还选派五位专业人员参加专业培训班。将《机械制造企业安全质量标准化工作指南》分发到各个车间、班组，各车间、班组利用班前、班后、星期天时间组织对考评标准进行了系统的学习培训。先后组织专业人员对各个部门进行了 12 次专题咨询、培训，组织干部职工参加安全生产标准化知识答卷；为配合学习培训工作，党群工作部在全厂范围内组织了宣传发动工作，先后编辑了六期关于安全生产标准化工作的专栏，还编写了安全教育教材，对全体职工进行了系统的安全教育和培训。

● 开展多轮次的安全整改。为了使安全生产标准化工作一步一个脚印向前推进，该厂近几年结合专家组几次来厂检查提出的意见，下达了多轮次整改计划。与此同时，各车间、部门按照标准和计划要求，对所涉及的项目，逐条自下而上进行全面的自查、整改。厂专业指导考评组深入车间、部门进行指导、督察和帮助整改。

(2) 落实安全职责，促进安全管理软硬件建设

通过2006年安全生产标准化创建和2010年安全生产标准化再次考评，该厂共投资150余万元整改各种安全隐患800余项，基础管理、设备设施、作业环境等各方面有了较大改观。

● 基础管理方面。对全厂各部门和各类人员的安全生产责任制进行重新审核，进一步落实各级各类人员的安全责任；对安全管理制度和全厂所有工种的安全操作规程进行修订、完善；坚持对新进厂的职工进行三级安全培训；结合安全生产标准化班组安全管理的要求，多次对班组长进行专项安全培训；对上岗和到期的特种作业人员全部进行专业培训和复训；在全厂开展危险源的辨识与评价工作，确定重要危险源和一般危险源，编制应急预案并组织演练。

● 热工燃爆方面。对汇流排间进行整改，将汇流排间的照明灯具更换成防爆灯具，电气线路全部进行穿管改造，对各类压力表进行检测，并纳入B类表管理，对管道增加跨接地装置，对燃气尾气排放进行改造。对现场使用的工业气瓶安装防倾倒设施，规范了气瓶管理；对危化品仓库的危化品进行清理整顿，完善了出入库制度；对油库的呼气阀全面进行了更换；对压力容器进行了检修、监测和防锈处理；对全厂的工业管道进行全部检查、油漆、检测和标识，完善了管道技术资料；对全厂的房屋进行检查和维修，拆除了厂内的危险房屋；对全厂65个工业梯台逐台进行检查和标识，改造了不符合标准的梯台；对16辆厂内机动车辆全部进行了修理、油漆。

● 电气方面。配电室加设了排水沟，对配电室安全用具进行检修、更新；整改全厂的低压线路；清理全厂所有的临时线路；对全厂的268个动力照明箱、柜、板进行改造；对全厂32个电网接地进行摇测，对 10 个不合格的接地点进行了整改；对 8 个防雷接地点全部做了编号标识并进行监测，增加了计算机中心的防雷接地系统，并对全厂的防雷系统进行评价；对全厂的 60 台电焊机进行检修，规范了一次线，更换部分二次线，保证了电焊机的安全使用；对全厂的 23 台手持电动工具进行检测和标识。对全公司电气管理资料进行了整理和整顿，使之更加完善、规范。

● 机械方面。对全厂的 67 台起重机械进行整改，对其中 14 台地面操作的起重机控制系统进行了安全电压改造；为龙门吊增加了锚定装置；对 125 项不合格的吊索具进行了更新，对各类吊索具进行标识，规范了吊索具的使用和管理；对 101 台金属切削机床进行检查整改，其中 20 台车床增设了档屑板，2 台龙门刨的工作台增设了机械限位；7 台冲、剪、压机床改造了防护装置，增设双手控制按钮；对 7 台砂轮机进行了整改；对 127 台风动工具进行清理、检修、标识，制作了支架。

● 作业环境和职业健康方面。新修、翻修了 230 米厂区道路，使厂区干道更加通畅；拆除危房 500 多平方米；对厂区主干道进行人车分离和道路标识，使车辆行驶和人员行走更加安全；对厂区的照明进行全面的检修、更换，增设照明点，消除了照明盲区；增设消火栓，保证了全厂的消防距离，新增 76 具消防器材，更换了所有到期的消防器材，使全厂的消防器材布局更加合理，安全状况大为改善。全厂各车间按照要求对生产现场进行彻底的清理、整顿，使生产现场达到了清洁、有序、安全、文明的要求。

(3) 巩固安全生产标准化成果，推进企业全方位发展

为适应新形势下安全工作的新要求，2010 年伊始，该厂下发安全生产标准化周期性考评工作计划，要求各车间、科室坚决认真执行安全生产标准化各项标准，有针对性地开展工作，搞好安全生产标准化周期性考评工作。先后调整建立了安全管理网络体系，充实安全管理人员，加强了厂内五个专业组的力量，组织定期检查和考核。同时，注重提高现场本质安全度，重点加强对特种设备、重特大设备的检查和维护修理，确保设备设施运转正常。各部门对照“标准”，在“查找隐患、堵塞漏洞、健全责任、强化管理”上下功夫，认真做好日常检查、周检查和整改工作，针对重点部位开展对策管理，使重点部位始终处于受控状态。

企业全面实施了“班组安全生产标准化管理”，初步达到“安全现场零隐患、安全操作零违章”的工作目标。加强对班组长培训，提高班组长的安全技能，进而指导职工提高安全技能、查找隐患、辨识危险因素、掌握本班组可能发生工伤事故的预防和救援方法。通过不断强化员工安全意识，改善生产作业环境，营造安全氛围，达到相互提醒、相互纠正、相互监督、相互制约、联防联控、杜绝违章的目的，从而减少了事故的发生。(尹国裕)

15. 瓦房店轴承集团有限责任公司坚持持续改进不断深化安全质量标准化的经验

瓦房店轴承集团有限责任公司（以下简称“瓦轴集团公司”）位于辽宁省，始建于1938年，是中国轴承工业的发源地，是目前中国最大的轴承企业，主要生产各类轴承产品，应用于汽车、铁路、矿山、航空、航天、风力发电等领域。

瓦轴集团公司一贯重视安全生产工作，于2007年通过了国家一级安全质量标准化企业复评，2010年通过了国家一级安全质量标准化企业周期性复评。近三年来，瓦轴集团公司始终以“巩固创建成果，建立长效机制，规范管理流程，明确管理责任，不断为员工创造安全、健康的工作环境”为宗旨，在安全生产建章立制、安全文化建设、安全技术改造、作业环境改善等方面做了大量工作，公司的安全风险不断降低，本质安全水平不断提高。

(1) 始终坚持国家一级安全质量标准化企业内部考评工作

公司自2007年年初通过国家一级安全质量标准化企业复评后，以“企业自评队伍不散，达标工作力度不变”为指导思想，以安全设备能源部管理人员为班底，始终保留了基础管理、热工燃爆、电气、机械、作业环境与职业健康五个自评专业组。每年制定安全生产标准化内部考评实施细则和考核办法，并将安全生产标准化内部考评达标纳入到公司每年度的安全生产目标管理中。

瓦轴集团公司内部考评的具体做法是：公司将每个生产单位作为一个独立的考评单位，按照其单位拥有的考评项目，依据安全生产标准化考评标准，对单位进行2～3天的现场考评，然后按计分方法计算实际得分，达到900分及以上的为考评合格单位，否则为不合格单位，并将对单位的考评结果在全公司通报。对首次考评没有通过的单位，公司下达整改指令限期达标，并由公司按期进行复查，直至该单位达到考评标准为止。三年来，公司先后有7个单位因为没有一次性通过公司内部考评受到了通报批评和经济处罚。

对于新建单位以及技术改造项目、新购的设备设施等，公司本着高起点、高标准的原则，将符合安全生产标准化考评标准作为一项重要条件进行验收，使安全生产标准化成为公司持续改进、建立安全生产长效机制的重要手段之一。

(2) 坚持持续改进思想，不断加大安全投入，降低公司安全风险

自2007年起，公司确立了“遵守安全法规，坚持以人为本，强化风险预控，安全健康发展”的安全生产方针，其目的就是要体现以人为本、持续改进、科学发展的管理理念。

按照这一管理理念，自公司通过国家一级安全质量标准化企业复评以来，先后投入60多万元，拆除了汽油库、化工库，停止了一处油库和一个柴油罐区的使用，改造了热处理分厂甲醇泵房，老厂区所有热处理工序取消了丙烷罐供气，改为丙烷气管道供给，危险化学品全部采取了配送制，使公司取消了一处重大危险源，三处重要危险源。公司还投资16万元，改造了油库上空高压线路和计算机中心电气线路，为油库增设了避雷设施；投资30多万元，为成品库增设了消火栓，公司所有消防工程实施了网络监控；投资100多万元，更新了两台锅炉；投资370多万元，淘汰了活塞空压机；投资298万元，改造了9处低压配电室，更新了8台干式变压器和37台低压配电柜；投资20万元拆除了险房；投资30多万元，改进了部分岗位吊索具；投资1 418万元，对29台金切设备、16台冲压设备、57台起重设备、4台电梯、12台工业炉窑和24台其他设备设施进行了大修改造；投资28万元，对厂区内的铁路道口进行了封闭等。三年来，公司在安全方面的投入达到3 200多万元。

此外，公司还投资改造了锻压公司、钢球公司、装备公司等单位的天窗、作业现场地面，为产生粉尘作业岗位配备除尘设备，为接触职业危害员工进行健康检查，受到员工的好评。

(3) 认真进行隐患排查，开展周期性复评工作

为了切实做好公司2010年的国家一级安全生产标准化企业周期性复评工作，自2009年下半年开始，利用4个月的时间，公司完成了对各生产单位的再次隐患排查和内部考评工作，为复审工作打下了良好的基础。2009年11月初，公司制定下发了国家一级安全生产标准化企业周期性复评实施方案，成立了领导小组，由公司五位副总经理分别担任五个专业自评组的组长。公司还召开了专题动员大会，明确规定了公司各系统、各部门和各单位以及自评专业组的职责，提出了工作目标和工作进度。

针对2010年初专家组对公司咨询中提出的问题，公司立即组织召开专题会议，逐项研究整改措施、整改进度和责任单位，确定了20项重点改进措施和安全投入计划。在2010年3—5月间，公司五个自评专业组按照对所有考评项目100％进行自查、整改、自评的原则，先后组织整改不符合考评标准的问题1 300多项，安全投入达到了168.6万元。

至此，自2009年11月份以来，通过开展国家一级安全生产标准化企业周期性复评工作，公司累计整改不符合考评标准的问题3 700

多项，投入整改资金720多万元，大大提高了公司本质安全水平。

瓦轴集团公司复评整改的要点如下：

● 公司统一规定各类安全警示标识、建筑物标识、工业管道标识、设备走线标识、消防设施标识、动力配电柜内部线路图、危险源告知板、安全生产规章和规程目视板等26种标识；重新修订了9项职业安全健康规章制度；编制新设备、新岗位安全技术操作规程48项，并印刷150册下发到各有关班组；修改、制定应急救援预案6项，编制油库、化工库、变配电室等重要岗位（部位）应急预案6项。

● 责成工业气瓶供应商将不合格的气瓶全部进行更换，并实施采购部门、发放使用单位联合验收制度；对物流部储油点的柴油罐进行安全改造；油库、化工库等消防重点部位增设消防砂、灭火毯等应急设施；对49处压力容器固定不牢、就地排污等问题进行了改造。

● 全公司所有的变配电室实行编号、标识管理；对公司南区高压配电柜漏油的油开关进行维修更换，将漏油的变压器进行了更新；生产现场的130多处电源插座配置了漏电保护装置。

● 为227台设备增设安全标识，改造、安装机械加工设备防护罩54台，增设门机联锁21台；为45%的起重设备安装了载荷限重器；对大型设备检修梯台的梯机连锁进行了改进，并在大型设备上安装了新型的LED声光报警连锁装置。

● 改造精密电机公司等部分作业场所的通风设备；对全公司的职业危害因素重新进行申报，健全职业危害因素防护设备档案；部分作业区重新布置了物料存放定置区域，并设置标识，所有库房实行定置目视管理。（王琦）

16. 大连重工·起重集团有限公司推进安全质量标准化企业创建工作的做法

大连重工·起重集团有限公司由国内重机行业两大重点骨干企

业大连重工集团与大起集团于2001年12月重组而成，是国家520户重点企业之一，公司现有员工4 820人，资产总额74.8亿元，建有重大装备临海制造基地、核心零部件制造基地、冶金设备专业化制造基地、齿轮批量化制造基地，主要服务于冶金、港口、能源、矿山、航空航天等国民经济基础产业。

大连重工集团和大起集团是有着悠久历史的老企业，都有较好的安全管理基础。2005年年初，适逢国家推行机械制造企业安全质量标准化考核评级工作，为达到一流的安全保障，公司积极参与，大力推进安全质量标准化企业创建工作。通过全体员工的共同努力，顺利通过了安全质量标准化一级企业复评验收。

大连重工·起重集团有限公司推进安全质量标准化企业创建工作的做法是：

(1) 搞好宣传发动，提高全体员工对创建工作重要性的认识

开展安全质量标准化活动，有利于企业加强基础和基层建设，建立自我约束、自我管理、持续改进的安全长效机制。为提高全体员工对创建一级安全质量标准化企业重要性的认识，集团公司从组织保障入手，建立创建安全质量标准化企业组织体系，成立了以公司主管生产安全的副总经理为组长、相关职能部门领导为成员的安全质量标准化企业创建工作领导小组，为搞好对全体员工的宣传发动工作，提供了有效的组织保障。

为保证创建安全质量标准化一级企业活动的顺利开展，全员、全过程参与是活动的基础，贯彻安全质量标准化考评标准，使员工有效掌握、运用是活动的关键。为此公司采取多种形式，对全体员工进行全方位的安全质量标准化标准培训。选派8名专业管理人员参加辽宁省安监局举办的安全质量标准化培训班，作为对企业全体员工进行培训的教员；购买《机械制造企业安全质量标准化工作指南》200余本，复印了千余份相关资料下发到各基层单位，作为培训教材；各个单位通过教员授课以及利用班前会、休息日组织员工学习培训；组织员工参加安全质量标准知识答卷，参考率达100%；利用内部刊物《重工·起重报》宣传安全质量标准化知识，普及率达100%，取得了良好的效果，使员工对安全质量标准化考评标准有了充分了解。

(2) 严格管理与积极引导相结合，激发全体员工参与创建工作的积极性

在安全质量标准化创建工作中，公司始终把提高员工自我管理、自我约束能力作为管理目标。在依据安全质量标准化考评标准严格管理的同时，采取多种形式提高广大员工参与创建安全质量标准化企业的积极性，增强创建安全质量标准化企业意识，成为创建工作的积极参与者。

● 严格管理。一是从严管理。安全质量标准化考核标准是刚性的，具有严肃性、权威性和不可动摇性。2005年7月的一天，在露天装配现场，一名员工中午休息后刚上班，头戴草帽登上工件开始作业，违反了进入装配现场戴安全帽的管理规定，不符合安全质量标准化考核标准要求，被处以200元罚款，在员工中引起了很大震动，起到了极大的警示作用。二是狠抓落实。凡是制度规定的事，标准明确的事，任何人都必须严格执行，落到实处。无论大事、小事，都要一级抓一级，一抓到底。安全工作无小事，重点就是把工作做细、做实、做到位，越是重复的工作，每一次都越要专心。为了保障开好班前会，对班前会的时间、地点、每个人的编号位置都做了规定，每天早晨上班时间一到，班组全体成员着装整齐地在工作现场列队，班组长站在队列前面讲生产任务、安全要求，从而收到了良好的效果，增强了员工的纪律性和执行标准的能力。

● 积极引导。集团公司通过召开创建安全质量标准化一级企业动员大会，引导员工理解创建安全质量标准化企业对于增强企业保障员工安全的重要作用，统一思想、统一认识。广大员工积极支持实行“安全承诺制”，与单位领导签订安全承诺书，主动承诺执行安全标准，从被动地执行安全质量标准化标准，转变为安全质量标准化的主动参与者和积极推动者。

(3) 广泛听取意见，形成全体员工参与创建工作的合力

在充分调动员工参与创建安全质量标准化企业工作积极性的基础上，公司组织全体员工，对照标准，从本岗位、本工种、本班组、本车间，自下而上查找安全隐患，逐级上报，逐项安排整改，消除了安全隐患。

● 按照员工要求，解决影响员工安全和健康的重点问题。集团公司热处理厂淬火油槽内正常油量 260 余吨，淬火工件几十吨、近百吨，淬火作业时油温升得很快，并伴随着大量油烟，对作业人员有很大影响，同时也存在着火隐患。通过现场调研，公司根据职工的建议，组织技术人员研究整改方案，最终投资 15 万余元，采取循环冷却措施，将最高工作温度定于 120℃，超过工作温度即报警，大大降低了油烟对员工的影响。铸钢公司造型、清理冶炼车间，生产过程产生粉尘，影响员工的身体健康。在创建工作中，企业投资 200 余万元安装了 93 台屋顶轴流风机，改善了员工的作业环境。

● 充分调动全体员工的积极性，全面解决各项安全隐患。根据员工反映的问题，及时组织整改，逐项落实。机械专业方面：对 175 台起重设备调整刹车和限位，完善了门窗链锁装置和三项指示灯，对 23 台露天龙门吊轨道安装了跨接线，整顿了机床接线蛇皮管破损和接线不到位的隐患，配备了冲剪压、炊事机械设备的安全装置。电气专业方面：完善了车间接地网络图，规范了手持电动工具的电源线，对所有电风扇安装了防护网，对电动平车电源改用电瓶解决电源线拖地问题，对 867 个动力照明箱进行了编号、图示和建账，对 637 台电焊机全部进行了监测建档和编号。热工燃爆专业方面：对 932 个工业气瓶缺帽少圈进行了配备，设置了防倾倒装置；对液化石油气站等 14 处重点危险源全部制定了应急预案，责任到人；对 227 部工业梯台，进行了编号、标识和完善，对 9 部厂房上的直梯，

3米以上部分均安装了护笼；对33台压力容器、27台厂内机动车辆、两台锅炉、175台起重设备全部进行建档监测，加强了管理。作业环境与职业健康方面：作业区全部实行定制管理，安全通道全部刷了油漆；铸钢清理、砂型、冶炼厂房安装了93台轴流风机，改善了通风；制作了300多副吊装磁性衬垫；制作了5个存放钢丝绳的架子等。集团公司及生产经营单位已整改各种安全隐患200余项，整改投资651.6万元。

安全管理需要全员参与，创建安全质量标准化一级企业更需要全员参与。事实证明，员工能够积极参与安全管理，安全管理能力就不断增强；离开全员参与，安全管理就成为无源之水，无本之木。在安全工作中，集团公司始终坚持发动全员参与，持续改进问题，不断巩固安全质量标准化一级企业的成果。

机械制造企业开展安全生产标准化建设的做法与经验评述

我国是机械制造的大国，机械制造在我国工业中占有重要的位置。机械制造行业也是各种工业的基础，涉及范围广泛，产业工人队伍庞大。在机械制造行业中，随着科技的发展，机械设备的功能不断增加，数量不断增多，使用范围不断扩大，然而，机械设备在给生产带来高效、快捷的同时，也带来了危险与有害因素，因此必须重视机械设备的安全。在减少事故、保障作业人员安全方面，开展安全生产标准化活动，是一个很好的方法。

（1）实施安全生产标准化是预测预防事故的需要

开展安全生产标准化工作是预防事故、夯实安全基础管理的需要。机械制造企业开展安全生产标准化工作，主要由基础管理考评、设备设施安全考评、作业环境与职业健康考评三部分组成。基础管理部分主要是考评企业安全管理体系中安全、健康管理工作的有效性和可靠性，预防事故发生的组织措施的完善性；设备设施考评是系统地评价企业中设备、设施、工具、物资等固有危险源的受控状况，从而消除物的不安全状态，确保本质安全性；作业环境与职业健康考评是对企业的作业环境状况、职业危害因素危险性的度量。这三个部分不是孤立的，而是相互联系的有机整体。

通过创建安全生产标准化活动，可使大量不安全因素得到整改，提升企业整体形象。在实际的对企业咨询、考评过程中，每个企业都会发现几十条到几百条问题，如规章制度不健全或落实不到位；设备设施安全防护装置缺失；电气设施不符合规定；易燃易爆场所不符合要求；职业健康的内容欠缺等。通过对存在问题的整改，强化了设备设施的本质安全性，理顺了各职能部门之间的内在联系，提高了企业安全管理水平。

(2) 实施安全生产标准化要注重细节的改进

现代安全管理的特点是以预防事故为中心，从提高设备的可靠性入手，把安全和生产稳定发展统一起来。安全管理规范化、标准化是企业发展的必然需求，也是企业安全管理的需要，只有将原来的粗放型、松散式管理，逐渐发展为精细型、集约式管理，企业才能不断发展壮大，安全管理才能可靠有效。

企业在实施安全生产标准化的过程中，务必要从大处着眼、小处着手，注重细节的改进。从预防事故的角度来看，只有消除潜在的事故隐患，才能有效预防事故的发生。

我们来看沈阳飞机工业（集团）有限公司（以下简称“沈飞公司”）实施安全质量标准化的做法。

2007年沈飞公司开始正式启动安全质量标准化的创建活动。在活动中，公司成立了以总经理为组长的创建一级安全质量标准化活动领导小组。随后，根据职责分工，分别成立基础管理专业项目组、燃爆专业项目组、动力专业项目组、机械专业项目组、作业环境与职业健康项目组。各项目组在组长的统一组织协调下，在“统一部署、职责分工、分线负责、各自把关、协调管理”的工作模式下履行职责，开展工作，并且分别对应五个专家考评组参与咨询、培训、预复评和复评。

● 基础管理方面。通过对公司安全生产制度进行梳理、修订和完善，共计修订了7个安全管理程序和规定，新制定了8个安全管理程序和规定，形成了包括各级人员安全生产责任制在内的51个管理程序组成的公司安全生产管理制度体系，使得公司的安全生产管理制度体系更加规范、更加完整。

● 燃爆专业方面。投入30万元对工业气瓶库进行技术改造，扩建库房面积增加储存容量，增加定员编制安排专人负责工业气瓶入库检验、登记和发放；投入20余万元对公司内39个厂房和场所加装消防应急设备，共敷设电源线17 800米，安装应急照明灯630只、安全疏散指示牌779个；为了加强标识化管理，投入2万元定做了危化库和危化品使用现场安全告知牌130个、消防器材编号卡2 600个；投入4万元对压力容器（包括压缩空气瓶）增添安全附件；投入9万元对锅炉及辅机存在的问题进行整改；投入8.5万元对空压机进行统一表面喷涂，重新改装防护罩，对工业管道按标准喷涂安全色及色标，悬挂安全警示标识；投入4.5万元对变电场所、电器防护和控制开关进行整改。

● 热工、电气、机械专业方面。投入123万元针对冲剪爪机械防护罩、配置光电防护装置等120余项进行整改；投入80余万元针对起重机械、铸造机械、输送机械、车床卡盘增设防护罩等项目进行整改，购置1.16万元配件对现有的砂轮机进行整改；投入22万元购置和配备专用吊索具，在使用现场挂牌集中管理。面对诸多老厂房的工业梯台不符合国家标准的现状，公司投入35万元进行编号、挂牌和整改。

● 作业环境和职业健康方面。公司对生产现场缺少的定置区域进行补充，对现场、库房的物品归类进行规范，完成公司定置总图的编制。投入12万元铺设草坪8 000平方米，投入222万元购置卫生箱30个，并对垃圾箱全部加盖处理，放置隐蔽处，对全厂垃圾做到分类排放处理，还投入15万元雇用专车，对公司垃圾场进行清理。组织人力，投入 35 万元对厂区道路进行修缮。投入 10 余万元规划厂区道路的交通标识线、限速标识和警告标志。在职业卫生方面投入 12 万元，增设洗眼器 33 台，制作职业危害告知卡 178 块、危险化学品安全告知卡 41 块等。

总之，沈飞公司在安全质量标准化创建活动的整改过程中，投入约 390 余万元的整改费用，使许多隐患得到整改，从而提高了整个公司设备设施的本质安全程度，也为生产的顺利进行提供了保障条件。

(3) 开展安全生产标准化工作后的效果

“标本兼治、重在治本”，是机械制造企业开展安全质量标准化工作后许多企业的真实体会；“夯实基础、本质提升”，是机械制造企业开展安全生产标准化工作后的崭新变化。这些新变化，体现为五个方面的效果。

效果一：增强安全意识促进安全文化开花

企业推行安全生产标准化的过程，实际上是对全员进行强化安全意识、安全技能的教育，而安全意识提高所形成的无形资产和精神力量，则是提升安全工作的境界，形成企业安全文化的基本保障。同时，企业安全文化也借助安全质量标准化的管理模式和办法来支撑。东风汽车有限公司在推行安全质量标准化的过程中，逐步形成“1 000－1＝0”的安全理念和追求“安全 0 事故”的核心目标，在此基础上，从安全生产制度体系、危险因素监控体系、宣传教育培训体系等多方面支撑理念和目标，从而形成一套完整的企业安全文化。

效果二：保障体系促进安全责任落实

企业要成为安全生产的责任主体，必须形成“层层负责、事事负责、人人负责”的良好局面，而安全质量标准化所遵循的一个主要原则为“分级管理，分线负责”，建立起“横向到边、纵向到底”的安全生产管理网络，而这些原则和管理网络的形成使安全责任有了牢固的基石。中国南车集团北京二七车辆厂健全、完善并下发了以安全生产责任制为核心的安全生产职业健康管理制度 38 个；安全生产责任制涉及工厂 23 个部门 360 个工作岗位，安全生产管理制度涵盖了工厂安全生产活动的各个方面；重新修订、下发了 30 多万字、共计 12 类 218 个工作岗位的安全技术操作规程 4 000 本。这些规章制度使每个人都明确了自己在安全生产方面的职责和任务。

效果三：标准建设促进安全法制落实

企业按照要求开展工作，实际上是对照相关安全健康法律法规、标准和要求寻找差距，进行整改，因此，创建过程就是贯彻落实安全健康法律法规、标准和要求的具体体现。北汽福田汽车股份有限公司怀柔汽车厂通过推进安全质量标准化企业的创建工作，深刻认识到：创建安全质量标准化企业是遵守国家安全生产法律、法规和标准的需要，是构建和谐工厂的需要，更是企业实现安全管理的规范化、标准化的必要条件。因此，他们学习和领会国家关于安全生产的相关法律法规和标准，结合企业的安全现状编制各类管理制度，在健全规章制度上实现“质”的突破。

效果四：隐患整改促进安全投入落实

安全投入是保障企业实施综合治理，进行隐患整改，实现本质安全的基础。在开展安全质量标准化企业的创建过程中，许多企业的各级管理者深刻认识安全投入的重要意义，全面、准确地把握安全投入的效益分析，真正加大了安全投入。大连重工·起重集团有限公司提出“一流的企业，一流的安全保障”的安全管理定位，在创建安全质量标准化企业的过程中，共计投入 651.1 万元，完成整改项目 200 余项，对这些整改项目的有效投入，提升了企业本质安全性。

效果五：实用技术促进安全科技落实

实施隐患整改，必须依托安全技术。在开展安全质量标准化企业的创建过程中，许多企业大量引进和应用了多种安全技术，并进行了改进。如果把这些技术汇编成册，将是一笔极好的“技术财富”。正是这些安全技术的应用，使安全科技在企业中落到了实处。重庆康明斯发动机有限公司在对旧设备改造的过程中，按照机械安全预防的“消除、预防、减弱、隔离”原理，详细分析设备现状，进行合理设计，有的部位设置安全防护网、屏；有的部位合理设置按钮数量，以便减少误操作的可能性；有的部位依据人机工程原理，在最佳位置上安装急停装置；有的部位采用机械送料代替人工操作。这些措施的实施，确保了整改效果。

可以说，机械制造企业开展安全生产标准化工作，是推动工作创新，健全保障体系，构建安全生产长效机制的方法和平台，是建设本质安全型企业的必由之路。

（三）化工企业开展安全生产标准化建设的做法与经验

17. 中国化工集团公司开展安全生产标准化建设的经验

中国化工集团公司（以下简称“中国化工”）是在原化工部直属企业重组基础上新设的国有大型企业，于 2004 年正式挂牌运营，隶属国务院国资委管理。现有 9 家专业公司，在全国有生产经营企业 118 家，科研设计院所 24 个，业务范围覆盖化工新材料及特种化学品、石油加工及化工原料、农用化学品、氯碱化工、橡胶及橡塑机械、科研开发及设计六大板块，已形成集科研开发、工程设计、生产经营、内外贸易为一体的比较完整的化工产业格局，是国内综合实力位居前列的大型化工企业集团。

中国化工目前通过安全标准化达标验收的企业有 23 家，完成率达 70%。其中，二级企业 21 家，占 64%；三级企业 2 家，占 6%。作为一家中央企业，中国化工在开展安全生产标准化建设工作中，也经历了不断探索、发展的阶段。

(1) 推进安全生产标准化工作的主要做法

企业领导是否重视，是安全生产标准化工作能否成功开展的关键。中国化工开展安全生产标准化建设工作主要经历了 4 个阶段：

1）深入分析研究，确定组织机构

中国化工由领导牵头，组织专门人员对《危险化学品从业单位安全标准化规范》逐条进行研究，分析企业日常安全管理是怎么做的、规范要求要怎么做、存在什么差距、该如何改进、与企业现有的 HSE 管理体系的关系等。在此基础上，制定了企业安全生产标准化工作实施方案，组织成立公司标准化领导小组和标准编写小组、文件审定小组、宣传小组、考评小组等工作小组，从标准、目标、责任、控制、考核、信息等环节着手，形成安全生产标准化工作网络体系，与生产车间、岗位、职能处室人员进行讨论，分解任务，分步实施。

2）培养人才，出台指南，做好宣传培训

中国化工选派安全管理人员参加由国家危险化学品登记中心组织的安全生产标准化培训班，印制《企业安全生产标准化工作指南》发放到各单位，组织全体员工进行安全生产标准化知识答题活动，利用报纸、黑板报等形式，对安全生产标准化知识进行宣传，报道安全生产标准化工作动态，营造企业安全生产标准化的氛围。以集中脱产培训和自学相结合的形式，宣贯和学习“规范”、手册及相关文件，强化员工风险意识和安全生产标准化意识，做到安全生产标准化深入人心。

3）强化基础，识别风险，做好风险控制

安全生产标准化规范为危害的辨识、运行控制、绩效改进提供了有效方法和手段。中国化工按照《危险化学品从业单位安全标准化通用规范》（AQ 3013—2008）中的 10 项 A 级要素和 53 项 B 级要素规定的具体内容，编写了《企业安全标准化实施细则》《风险评价指导书》《最高管理者安全承诺》《企业安全生产方针和目标》《安全标准化手册》《企业安全生产管理制度汇编》和《安全技术规程》等程序文件、作业文件下发，同时开展危害识别和风险评价，强化风险控制。如蓝星石油大庆分公司组织各单位进行年度危害识别和风险评价，辨识出危险源 1 499 个，其中 1 432 个被评定为一般风险、67 个被评定为重大风险。根据风险评价结果，制订风险控制计划，落实了风险控制措施。

4）定期自评，申报评审，改进安全绩效

中国化工根据制定的《安全标准化工作计划》，依据《危险化学品从业单位安全标准化规范》《安全标准化手册》等安全生产标准化管理文件，开展安全生产标准化专项检查，对安全生产标准化覆盖范围内的所有基层单位进行自我考评，检查企业安全生产标准化运行的符合性、有效性，及时发现运行中存在的问题和不足，对发现与规范要求不相符的问题，及时制订改进方案，不断整改，在确认具备达标验收条件后，即向当地安全生产监督管理局申请达标安全生产标准化考评验收。

(2) 开展标准化工作的成效及体会

中国化工在安全生产标准化建设中，还积极借鉴国外现代安全管理体系的思想，引入境外企业的 HSE 管理体系中领导者的榜样作用最重要、员工无过错、多奖少罚、任何工作变更都需要工作票管理等安全理念，并使这些理念融入到安全生产标准化的持续改进工作中去。安全生产标准化作为一项系统工程，要求企业各个部门、生产环节的安全管理、规章制度和设备设施、作业环境必须符合法律法规、标准规程的规定，可以克服工作的随意性、临时性和阶段性，做到用法规抓安全，用制度保安全，实现企业安全生产工作规范化、科学化。

中国化工在开展安全生产标准化活动中深刻体会到，安全生产重在基础、重在基层、重在治本、重在落实。各企业在危害分析、风险评估的基础上，对现场设备设施提出了具体的改善条件。如湖南湘维有限公司识别出 4 933 个危害因素，属于设备设施方面的危害因素有 2 612 个，属于作业过程中的危害因素有 2 321 个，促使企业淘汰危及安全的落后工艺技术和装备，从根本上解决企业安全保障系数低的问题。再如所属山东大成农药股份有限公司，通过开展安全生产标准化工作实现现场标识标准化。近年来持续增加各种现场安全标志牌：安装危险性告知牌和应急措施牌 1 000 余块，职业危害场所更新有毒有害信息卡、告知牌 100 余块，限高、限速标志 100 块，大型安全标语宣传牌 40 块。

中国化工通过创建安全生产标准化，对危害因素进行系统的识别、评估，制定相应的防范措施，建立起隐患排查、登记、整改、销案的信息化管理系统，使隐患排查治理工作制度化、规范化、常态化和信息化，实现重大危险源远程视频监控，对危险源做到可防可控，改变了过去员工运动式的安全检查方法，尤其是通过作业标准化，杜绝违章指挥和违章作业，控制了事故多发的关键因素，消灭事故，为企业树立了良好的社会形象。

(3) 确定目标，积极推进，不断深化

中国化工在开展安全生产标准化工作中取得了明显的成效，但是还存在一些问题：由于危险化学品企业安全生产标准化工作是一项创新的安全管理形式，可借鉴的经验少，在具体推行中，企业员工对规范的理解、掌握不够全面，对于需要准备的大量书面材料和记录在理解上存在偏差等。

为了更好地推进安全生产标准化工作，中国化工从集团公司层面，制定出 2011 年至 2012 年安全生产标准化工作目标，要求到 2012 年企业安全生产标准化工作全部达标并达到二级水平。在日常工作中，中国化工将通过“三项工作”来推动企业安全生产标准化建设，在要求企业取得安全生产标准化等级证书的同时，促使安全生产标准化工作更加深入。

从企业层面，认真抓好安全生产标准化工作，即：务实抓好安全标准化、职业健康安全管理体系运行，规范各种安全生产行为，进一步提高安全管理水平；倾力做好安全教育培训，大力推进安全文化建设，营造安全生产标准化氛围，全面提高全员安全意识、安全技能；增强安全生产工作执行力，形成安全生产令行禁止、违章必究、事故必查、责任必追的工作态势，进一步维护安全生产工作的严肃性；强化隐患排查整治工作，进一步加大安全投入，提高生产装置安全生产条件；加强专业队伍建设，提高安全管理素质素养，提升安全生产管理和安全生产监督管理工作效率，适应安全发展需要；务实目标管理，强化监督考核，建立规范的安全生产法治秩序，真正做到制度到位、责任到位、监管到位，保障安全生产标准化任务的全面完成；立足长远、立足本职、立足现场，学习和借鉴同行业兄弟单位安全生产标准化工作经验，提升工作水平。（张金晓）

18. 云南云天化股份有限公司实施安全生产标准化体系建设促进企业安全的做法

云南云天化股份有限公司（以下简称“云天化”）是一家上市公司，围绕化肥、有机化工、材料、商贸物流四大产业方向形成四大产业集群，有十二家主要成员企业，总资产达到271亿元，净资产84亿元，是我国化工百强企业之一。

云天化在生产经营发展过程中，在原有标准化的基础上，于2007年开始着手开展安全生产标准化建设。几年来，云天化在企业安全管理的制度建设、管理创新、预防控制等方面都取得了一定成效，先后荣获“云南省化工安全生产先进单位”等荣誉称号。截至目前，云天化安全生产标准化体系已初步建成，实现了公司安全标准化、作业安全标准化、职业健康安全标准化的三大标准化体系。

云天化进行安全生产标准化体系建设的主要做法如下：

(1) 安全管理标准化

按照公司“长青基业、人为其本、精益生产、达于至善”的安全方针，云天化将安全生产标准化与公司管理相结合，使公司管理体系步入标准化轨道。

1）责任体系标准化

实施责任体系标准化，首先是明确公司各部门、各层级人员的责任。云天化通过制定《公司安全生产责任制度》，明确了全公司 34 类组织和人员的具体工作责任，做到了职责界定清晰、内容规定详细。其次是签订落实安全责任书。公司每年年初与本部各单位、分公司、子公司和集团托管单位签订安全责任书，明确和细化各单位年度责任范围、责任目标、考核指标。各单位按照责任制的要求，将责任目标逐级分解，层层签订安全责任书，形成一级抓一级、安全生产事事有人管、责任有人担的工作局面。最后是制定安全生产考核办法，强化检查监督，严格实行奖惩兑现和问责制度。公司通过每周信息互通、半月信息上报、半年一次检查等方式掌握安全绩效，年末进行汇总、评定。

2）危险源管理标准化

危险源是安全生产中造成人身伤害及财产损失的危险因素，推行标准化的危险源管理，是云天化安全生产标准化体系中的一项重要内容。为了加强对重大危险源的管理，云天化制定了《危险源辨识管理程序》，理清了危险源网络管理流程。按照流程设置，公司所有员工都按照“工作危害分析法（JHA）”和“安全检查表分析法（SCL）”进行危险源辨识，并在公司办公网上进行登记。登记后的危险源经逐级审批后，在办公网上公示，告知员工在工作中可能存在的危险和需要采取的预防措施。通过制度和流程的设置，形成了全员参与的危险源管理格局。截至 2009 年 3 月底，公司已辨识出危险源 12 387 项。

此外，云天化还通过制定《液氨储罐安全管理规定》《甲醇储罐安全管理规定》《乙醇储罐安全管理规定》等文件，强化对危险化学品的管理。公司按照制度规定，在各储罐区设置了视频监控系统、硬盘记录设施、可燃气体分析报警仪、围堰、事故喷淋系统等，同时对重大危险源每天进行巡检，将各储罐存量、温度、压力、液位等信息在网络上进行跟踪监视。

3）隐患管理标准化

消除隐患是预防事故的最终目的，云天化通过对隐患治理、隐患档案执行标准化管理，使公司隐患排查、治理工作具有“整改及时、责任到人、分级管理”的特点，基本实现了“隐患能及时发现、措施能及时跟进、事故能有效预防、责任能明晰到人”的目标。

在“全员、全过程、全方位、全天候”的安全检查中，对查出的安全隐患在公司办公网上进行填报。隐患一经填报，其审核、措施制定、整改实施以及最后的整改验收等过程，也全部实现网络标准化建档，再辅以各管理环节的响应时间要求，从而推动隐患整改的及时进行。标准化隐患管理流程通过网络签收的形式，将隐患监控、防范措施落实、隐患整改和检查验收各环节的责任落实到人，做到“隐患一日不消除，责任一日不解除”。

4）设施管理标准化

实行设施管理标准化，公司所有新、改、扩建设项目均严格执行“三同时”制度，做到手续完备、建设合法。设置了设备管理部门，配备了专业技术管理人员，制定了管理标准。对公司的特种设备，实行从设计、制造、安装、使用到检修、改造、检验、报废的全过程监控管理。同时规定，特种设备从业人员需持证上岗。此外，公司还强化了关键过程的安全管理，生产装置全部执行集散智能控制。云天化自主开发设计了针对关键过程的“智能化防误操作软件”，通过高科技智能手段，保证了仪表联锁系统在关键过程中的本质安全。

5）应急管理标准化

实施应急管理标准化，从制订公司和各基层单位的应急预案入手，要求各单位经常性地开展应急演习演练；对重大危险源实行24小时不间断监控和预警；公司配置有消防车、救护车、重型防化服、轻型防化服等装备，确保具有和生产装置危险性相适应的应急救援能力；各生产岗位配备先进、足量的空气呼吸器，所有接触有毒有害岗位的员工都配发全面罩防护面具，提高了员工在事故状态下的自我防护能力。

(2) 作业安全标准化

化工生产具有高温、高压、易燃、易爆、易中毒的特点，其中的检修作业，更是事故多发点，具有较高的安全风险，公司予以高度重视和控制。云天化将检修作业安全也纳入到标准化体系建设中，降低了作业风险。

1）作业制度标准化

公司制定了《检修安全环保管理制度》，对检修作业进行总体规范。针对受限空间、高处作业、动火、动土、吊装、抽堵盲板和断路7大高风险作业，分别提出了相应的操作要求。2008年年底，国家安监总局批准颁布81项安全生产行业标准后，云天化立即组织专家对检修作业管理制度进行修订，采用国家规定的危险化学品生产单位作业安全规范，实现了与安全标准化规范对接。

2）作业许可标准化

在清理检修作业管理制度和流程的基础上，云天化还全面推行检修作业安全许可，规定所有检修作业都必须办理安全许可证，得到相应级别的批准，并对各个环节作业条件进行确认。检修作业许可还将危险源及安全防范措施辨识、各环节落实安全措施、审批中主体责任转移等融入其中，在控制和降低检修作业风险方面发挥了关键作用。

3）作业监管标准化

安全监管是提高安全执行力的必要手段，云天化通过进行标准化检修作业安全许可网络公示，对检修作业实施公开安全监管。公司规定，7大高风险检修作业的安全许可情况必须在公司办公网上进行登记和集中公示。各级安全监管部门根据公示信息，可以随时对检修作业实施安全监管。

4）作业现场标准化

随着安全生产标准化建设的推进，云天化还加大了对作业现场的标准化管理，对作业现场所有的安全警示、安全标识、安全提示进行了全面清理与完善，做到统一、规范。合成、尿素、甲醇等19个生产现场单位设置了3 760个条目的“巡检提示卡”；作业现场100块安全警示、安全标识按照标准规范全部进行更新；各主要危险源点还设置了共计26块“危险源点警示卡”。

(3) 职业健康安全标准化

关爱生命，保护员工的安全与健康，是公司对员工的承诺，是“以人为本”理念的具体体现。云天化于2006年通过职业健康安全管理体系认证，在职业健康安全标准化的建设和实施方面积累了一定经验。在安全生产标准化建设和实施过程中，职业健康安全管理体系又得到了进一步细化与深化，通过开展4项工作，使其内容更加丰富，切实保障了作业人员的职业健康。2008年，云天化获得“云南省职业卫生示范企业”的称号。

一是开展危害因素监控标准化工作。公司每年对31个作业场所（岗位）职业病危害因素进行内部监测，开展职业病危害因素合规性监测与评价，开展高毒危害岗位职业病危害因素监测，所有监测报告均在公司网络上公布、告知。

二是开展健康体检管理标准化工作。云天化的每位员工在岗前、岗中和离岗时均要进行健康体检，并且将体检结果登记在册。

三是开展防护用品配置标准化工作。公司根据不同工种、岗位配发了符合标准的劳保用品以及完备的防护器材，并且公司对防护用品均建立了定期检查检验和维护保养的管理制度。

四是开展防护设施设置标准化工作。公司所有化工生产装置作业间均按规定设置了通风、防噪、隔热、降温等设施，作业现场还为员工设置了洗眼器等劳动防护设备。（刘和兴）

19. 中国石化齐鲁股份有限公司氯碱厂创建安全标准化一级达标企业的做法

中国石化齐鲁股份有限公司氯碱厂（以下简称“氯碱厂”）始建

于1985年，1988年6月建成投产，目前在岗员工2 065人，主要生产烧碱、氯乙烯等产品。由于生产过程复杂，涉及危险化学品品种多，生产中具有易燃、易爆、易腐蚀、易泄漏特点，生产物料介质有害性大、易污染，安全生产技术要求高。

为切实提高安全管理水平，2006年年初，氯碱厂领导从落实科学发展观、构建和谐社会的高度，决定创建国家一级安全标准化达标企业。在领导高度重视和各职能部门的共同努力下，该厂顺利实施安全生产标准化，并于2006年10月18日通过考核验收，成为全国第一家通过验收的“危险化学品从业单位安全标准化”一级达标企业。

该厂在创建国家一级安全标准化达标企业的过程中，通过组织计划、宣传发动，贯彻标准、培训和自查整改、申请验收三个阶段的工作，将安全标准化理念融入到企业文化之中，并实现了与企业日常安全管理工作的有机结合，丰富完善了该厂的安全管理体系，有效提升了安全管理水平，促进了企业安全稳定生产。氯碱厂在安全生产标准化方面的主要做法如下：

（1）实施安全生产标准化创建工作的重点

2006年年初，该厂根据齐鲁公司对安全工作的要求，依据《危险化学品从业单位安全标准化规范（试行）》（以下简称《规范》），组织开展安全标准化达标企业创建活动，先后完成了以下具体工作：

● 完善组织机构，明确目标，科学制定实施方案。完善的安全管理机制和组织机构，是顺利实现创建危险化学品安全标准化样板企业的组织保障。加强组织领导，落实责任目标。为加强创建活动的组织领导，成立了以厂长任组长的创建活动领导小组，设立了专业工作组和考核工作组，并明确工作职责，落实具体责任目标，加强对创建活动的组织协调，重视绩效考核工作，监督方案的贯彻实施。同时制订方案，分步推进。遵照“突出重点、稳步推进”的创建原则，依据《规范》，在分析论证企业安全管理现状的基础上，制订了切实可行的实施方案。

● 提高认识，宣贯《规范》，营造良好的创建活动氛围。推行安全标准化工作是落实国家《安全生产法》的重要措施，通过学习强化全体员工对规范标准的认知，增强全员安全行为意识，努力营造创建活动的浓厚氛围。在这方面，该厂充分利用局域网、宣传栏等宣传工具，在全厂范围内进行广泛的宣传，各单位召开专题会议集中动员，以提高全体员工对实施安全生产标准化工作重要性的认识。与此同时，重视骨干力量的技能培训，带动全员的创建活动培训工作，派专人参加国家安监总局化学品登记中心举办的宣贯培训班，并聘请专家对中层干部、安全管理人员进行知识培训，组织全厂职工参加相关知识考试。使全体员工熟练掌握安全“标准化规范”的要素内容，提高对《规范》的认识，为争创安全标准化样板企业活动打下坚实的基础。

● 落实创建措施，推进安全生产标准化管理体系有效运行。通过宣贯规范，对照《规范》重新审视安全管理的实际状况，全方位查找工作的不符合要素，制定切实可行的整改措施，实施整改工作的过程封闭，始终把创建工作作为对各车间、部门进行绩效考核的重要内容，保证创建的各项工作达到预期目标。

结合自身实际，做好现行安全管理体系要素与《规范》的文件转换工作。由于该厂现行的 QHSE 管理体系与《规范》要素和具体条款不完全相符，因此组织修订了《氯碱厂安全标准化样板企业验收考核要素与现行安全管理要求对照表》，按照《对照表》的要求，补充完善安全管理的现行机制，并做到与现行日常安全管理工作的有机结合，制定改进措施，落实责任单位，并将具体责任落实到人，先后完成了《负责人与责任》《风险管理》等 9 个要素的文件转换，对全厂《安全生产责任制度》等 20 个安全生产管理规章制度进行完善补充，进行了安全技术规程和应急救援预案的全面修订。

(2) 对照《规范》，进一步加大现场整治力度

按照《规范》及相关法律法规、技术标准要求，在创建安全标准化企业中，加强现场安全环境综合治理，整治各种安全隐患和问题，推进安全生产标准化操作。

● 加大现场整治力度和治理投入。按照“生产设施、作业安全、产品安全与危害告知、职业危害”等要素的要求，进一步加大现场整治力度，加大治理投入。自安全生产标准化创建活动开展以来，先后投资 360 万元对离子膜烧碱装置、ECH 装置等存在缺陷的平台、爬梯、护栏及厂公共区域进行了综合整治，对装置的视频监控系统进行了完善。为了对企业安全与危害信息做到全方位告知，在各装置及重点（要害）部位设置信息告知牌 24 处，厂周边区域设置危害告知牌 3 处，印刷《氯碱厂危害信息告知手册》，并向社会公布、发放，制作“氯碱厂参观证”，对外来参观、学习人员做到安全信息告知。

● 着重加强直接作业环节的安全管理。对于现场作业风险较大、作业周期较长的检维修项目，认真开展危害识别和风险评价。根据有关文件规定和风险评价判定标准，采用“安全检查表、工作危害分析”等危害识别方法，确定全厂重大危险、有害因素共计 12 项，并在识别、评价的基础上大力落实作业安全措施，以保证作业安全，规避作业风险。

● 做好检查验收准备工作。做好迎接检查验收的各项准备工作，认真组织了全厂自评工作，对创建工作的每一阶段，做到有具体工作措施、自我检查整改和考核评定，并按照验收考核办法的要求，在创建实施安全管理机制的基础上，进行全方位的体系自我评定工作，向山东省安全生产监督管理局提交了自评报告和验收申请。

(3) 强化“四全”管理，夯实企业安全生产的基础

自开展安全生产标准化创建活动以来，该厂提出从企业文化的高度审视安全，从人本思想入手管理安全，狠抓安全基础工作，实现了安全工作“四全”管理。一是全员参与。按照责权利相统一的原则，做到责任具体到人，奖罚分明，使人人肩上有担子，人人身上有指标，人人心里有压力，充分激发每一位职工的安全责任感和主观能动性。二是全过程把关。化工生产的特点是流水线作业，任何一个环节出现问题，就有可能影响全厂的安稳生产，因此必须注重抓好每一个环节。三是全方位检查。即检查做到横向到边，纵向到底，不留死角。四是全天候互相监督。“四全”管理使人人清楚在工作中“该干什么”“不该干什么”“怎么干”以及“干到什么程度”，做到事事有人管，人人有专责，职工自觉履行岗位安全职责，安全管理工作形成了制度化、标准化、规范化的运行机制。

通过实施《危险化学品从业单位安全标准化规范》，该厂员工对安全生产标准化工作的认识更加深刻，安全管理得到进一步规范，安全生产标准化工作更深地融入到了企业日常安全管理，安全管理水平也上了一个台阶。尤其是结合该厂 QHSE 管理体系的运行实际，使 QHSE 管理体系与安全生产标准化工作有机结合，双管齐下，相互促进，进一步完善了企业的安全管理工作。安全工作永无止境，需要以持之以恒的精神常抓不懈。由于安全生产标准化工作推行时间较短，对《规范》的理解、掌握不够全面，在安全生产标准化管理方面还存在着不足之处，定期检验工作、监控报警及通信、危险化学品装卸环节等工作尚须进一步完善，针对这些问题，该厂正积极着手分门别类，进行落实整改。（田诗君）

20. 兖矿国泰化工有限公司对照标准精心组织创建安全标准化企业的做法

兖矿国泰化工有限公司（以下简称“国泰公司”）是兖矿集团与美国国泰煤化控股有限公司合资建设的大型高科技现代化煤化工企业，2003 年 6 月开工建设，2005 年 10 月正式建成投产，总投资 27 亿元人民币。企业主要以煤为原料生产甲醇、醋酸，在生产、运输、储存、使用等环节中涉及多种危险品，属危险化学品高危企业。因此，做好危险化学品安全生产标准化管理工作，对国泰公司防治和减少事故，保障员工的生命安全，具有重大意义。

2006年5月，国泰公司响应号召，积极开展“危险化学品从业单位安全标准化”创建活动，并于2006年6月23日通过了山东省安监局专家组组织的危险化学品从业单位安全标准化样板企业的验收。在此基础上，国泰公司又申报了国家一级“危险化学品从业单位安全标准化”达标企业，并于2006年11月2日通过了国家安监总局专家组组织的国家一级“危险化学品从业单位安全标准化”达标企业的验收，成为全国第一批“危险化学品从业单位安全标准化”达标企业之一。

在实施危险化学品从业单位安全生产标准化的活动中，国泰公司采取的做法主要是：

(1) 对照标准要求，精心组织，推动创建活动开展

危险化学品从业单位安全生产标准化活动开展以来，公司领导高度重视，各部门、各车间积极配合，指派专人负责此项工作。公司下发了几项关于开展安全生产标准化活动的文件。成立了以董事长和党委书记挂帅的自查自评领导小组，自查小组认真对照《危险化学品从业单位安全标准化规范（试行）》的要求开展自查自评，按照“缺什么补什么”的原则，建立健全规章制度、档案资料，增设安全装置；另一方面，加强对各部门、各车间的工作指导。安监部以“工作联系单”的形式把“危险化学品从业单位安全标准化企业考核验收办法”中的内容分解到相关的部门和车间，并且每周召集一次专题会议，交流经验体会，安排部署工作任务，定期监督检查工作进展和任务完成情况，有力推进了创建活动的开展。

(2) 加强安全基础管理，健全安全管理机构，完善安全管理制度和档案

安全要抓好，基础作保证。国泰公司一直十分重视安全基础建设，提出以“双基”建设为总抓手打造安全标准化企业的目标。在机构和人员配置上，成立以总经理为主任的安全管理委员会，下设安全监察部，专职负责日常安全监督、管理工作，配齐配足安监人员和技术装备，公司现有员工 860 人，专职安监人员 8 人，占职工总数的 0.9%，平均学历大专以上，人员素质高、能力强；同时，公司副科级以上干部和安监人员共 108 人通过由省安监局组织的安全管理人员考核并取得资格证书，做到持证上岗，建立了以安委会—安全监察部—车间—班组为主线的四级安全网络，充分发挥了安全监督管理作用。

在创建安全标准化企业期间，公司修订并完善了《危险化学品安全管理制度》《安全检查制度》《应急救援管理制度》《风险管理制度》《供应商管理制度》《承包商管理制度》等一系列危险化学品安全管理制度，做到安全管理工作有章可循，员工上标准岗，干标准活。除此之外，进一步完善了危险化学品各类档案，实施档案管理专人负责。

(3) 严格落实安全生产责任制，实施安全风险抵押

安全保证生产，责任重于泰山，在安全管理上，落实安全生产责任是实现安全生产长治久安的关键。一直以来，国泰公司始终坚持"以责任管安全"的理念，实现了安全生产无事故的目标。

落实安全生产责任，首先是制度保证。在《安全生产责任制》的编制上，公司参考了化工、煤炭等多个行业的范本，结合自身实际，几经修订、完善。其内容包括从总经理、党委书记、安监部长到车间主任、班组长、普通员工等 36 个工作岗位和 13 个部室的安全职责和责任追究内容，成为公司落实安全职责和责任追究的依据。其次是严格落实，认真考核。公司年初与各单位签订安全责任书，实施安全风险责任抵押，全体员工按照所承担风险和责任的比例缴纳风险抵押金，公司成立安全奖惩考核办公室，每月组织检查，每季组织考核，按照目标完成情况进行奖惩兑现，此举真正调动了全员参与安全管理工作的积极性。

(4) 开展危险源辨识、评价和重大危险源监控

为加强对重大危险源的管理，公司以安全监察部牵头，组织相关部门、车间联合开展危险源辨识和评价工作，按照《重大危险源辨识》和《关于开展重大危险源监督管理工作的指导意见》等法规、标准的要求，进行全面普查、辨识和评价，对评价出的重大危险源进行登记、建档，采取控制和监控运行措施，加大安全设施、装置投入。在甲醇、醋酸罐区、造气气柜、气化炉九层框架、充装栈台等重大要害部位安装了电视监视探头、气体报警及液位联锁装置，最大限度地减少了危害发生的可能性和人员接触危险的可能性，有效地实现了人、机分离和重大危险源的监控。

(5) 加强职业健康管理，减少职业危害

为了预防、控制和消除职业危害，防治职业病，保护员工健康及其相关的权益，促进安全生产，国泰公司建立健全了职业卫生管理制度和操作规程，并制订了切实可行的职业危害防治计划和实施方案；建立健全了职业卫生档案，按照《职业病防治法》的要求定期对接毒、接尘人员进行体检；公司在有毒有害的作业场所按照规定设置了警示标志、报警设施、冲洗设施、防护急救器具专柜，设置了应急撤离通道和必要的泄险区，并明确了责任人和检查周期，定期进行检查、维护，并记录，确保其处于正常状态；建立了生产场所职业危害因素监测制度，专人负责职业危害因素检测，定期对作业场所进行检测；同时公司根据接触危害的种类、强度，为员工提供符合国家标准的个体防护用品和器具，并监督、教育员工按照使用规则佩戴、使用。各种防护用具定点存放在事故柜中，由专人负责，定期校验和维护，校验后做好记录和铅封；建立了防护设施及个体防护用品管理台账，以此来加强劳动防护用品使用情况的检查监督。

(6) 深入进行安全教育培训，提高员工安全意识

企业能否实现本质安全，有赖于员工意识的提高。据统计数据显示，大部分的事故来自于人的不安全行为，因此，提高人的安全意识，有针对性地开展安全教育培训是减少事故发生的有效途径。国泰公司把全员安全教育培训工作作为企业安全发展的基础来抓，认真执行年度安全教育培训计划，开展准军事化全员安全轮训和大学习、大练兵活动，取得显著成效。

● 准军事化全员安全轮训，借鉴了军队管理模式，把军事训练与安全培训相结合，实现了“用军令锻造服从天职，用汗水冲刷骄娇二气，用正步锤炼大局意识，用理想树立崭新形象”和提高员工安全认识、提高自我保护能力的目的。公司为此特聘请了3位军事教官和30余位经验丰富的兼职安全教师，讲授安全法律法规、安全管理制度、电气安全、设备安全、消防安全等15个专业的安全知识。安全轮训每周一期，培训人员820人次，培训率达95%。同时组织严格考核，按照军事训练、安全考试、现场答辩、心得体会“4411”的比例组织考核，评选优秀学员，实施奖励。

●“大学习、大练兵”是国泰公司的一大特色。由于国泰公司是一个全新的企业，工艺、设备、技术都是最先进的，员工也以新人为主，优点是学历层次高、人员年龄轻，缺点则是缺少化工生产的经历，安全认识、自我保护能力参差不齐。为迅速改善这一状况，国泰公司一方面组织各类形式的安全培训，另一方面在全公司范围内掀起“大学习、大练兵”自学竞赛高潮，以调动广大员工的学习积极性。2006年以来，共组织3次全员“大学习、大练兵”安全考试，每次评选前10名进行奖励，后10名进行处罚，极大地增强了员工的竞争意识。

● 国泰公司还制定了安全培训教育制度，建立了员工培训教育档案，记录培训时间、内容和考核结果；利用班前班后会、安全活动日、工前五分钟等各种形式的培训教育和活动，对员工进行经常性的安全培训教育，以此激发员工搞好安全生产的热情，促使员工重视安全：不管是新进厂的员工，还是外来施工的人员，国泰公司一直严格执行着“三级”安全培训教育；组织从事特殊作业的人员参加国家有关部门组织的资格培训，取得特种作业资格证书，并按规定定期参加复审。

通过开展安全生产标准化工作，干部的责任加强了，员工的意识提高了，安全、稳定的生产局面逐步形成，生产、经营各项工作在确保安全的前提下有条不紊地开展。(张元勇、周静)

21. 智胜化工股份有限公司推进安全生产标准化实现安全管理长效机制的做法

智胜化工股份有限公司（以下简称“智胜公司”）是以生产经营高效化肥为主的福建省百家重点企业、全国化工行业百强企业，资产总额为 4.3 亿元，现有化工生产车间 11 个，员工 870 人。

长期以来，公司始终把安全生产放在首位，坚持严谨、快速、规范管理理念，抓好各项安全管理工作，保持了无重大、恶性事故的良好记录。然而，随着企业的不断发展，原有管理办法已经不能满足企业发展的需要，作为企业自身，也在不断探索思考，寻求更为科学的管理办法。2007 年 4 月，福建省安监局在全省部署安全标准化试点工作，把智胜公司列入 54 家试点单位之一。公司认为这是提升企业安全管理水平的契机，随后着手开展安全生产标准化工作，并将其作为 2007 年安全重点工作进行落实。从统一认识、精心组织、全员参与、资金确保、坚持标准、专家指导、软（件）硬（件）兼施等方面入手，通过努力，智胜公司于 2007 年 11 月底通过了省安监局的审查验收，并取得了福建省首批标准化二级企业证书单位。

在创建安全生产标准化企业的过程中，智胜公司以推进安全生产标准化实现安全管理长效机制，主要做法如下：

(1) 提高认识，落实责任，全员参与

2007 年 4 月省安监局召开试点工作会议后，公司领导班子专门研究，成立了以总经理任组长的“安全标准化工作领导小组”，并对此项工作提出要求，制定方案，贯彻部署。由于领导重视，机构、人员落实，保证了安全生产标准化工作的有力推进与实施。

开展安全生产标准化是贯穿企业全员全过程、全方位的一项系统工程。因此，经领导小组研究，确定了相应的机构和任务，分工负责开展工作。一是安全部牵头负责具体工作的布置、检查和指导。二是由工艺、设备、电气、仪表各专业主任工程师负责的风险评价小组进行风险评价。三是以各车间安全第一责任人为主负责安全检查表规范与实施。四是以各专业技术负责人对安全法规标准和企业相关规程进行收集、辨识、补充和完善。五是各部门、车间、单位第一责任人负责的标准化层层学习宣贯和相关内容的告知与落实等。

为了提高员工对安全生产标准化的认识和对标准内容的理解，公司认真抓好各种类型的安全学习与培训。通过对中层干部、专业人员和车间、工段、班组的层层宣贯，有力调动和促进了员工参与的积极性和自觉性，同时通过对 10 个 A 级要素、51 个 B 级要素规范内容的专题培训、讲解，使广大员工吃透标准、掌握关键、准确实施。例如，由安全部牵头，举办了领导小组和各专业工程师参加的风险评价、安全检查表编制、法律法规获取与识别等不同内容的专题培训；聘请省重大隐患监控中心专家，分批、分层次对标准化规范进行讲解培训，以及对开展标准化工作的符合性评审和指导，从而使大多数员工能较充分领会安全生产标准化要素的内容及要求，有力推进了标准化工作的顺利开展。

(2) 坚持标准，分步实施，重在效果

在开展安全生产标准化工作中，根据“初始状态评审，策划及风险评价，标准化管理制度补充修订和标准化运行与自评”5 个阶段的要求，分步实施，认真做好每个阶段的工作。与此同时，坚持对照标准，从严要求，按 PDCA 循环做法，认真自查，及时沟通和评审，对存在的问题或不足及时分析与纠正，对把握不准的事项，及时向省监控中心领导和专家反馈和请教，确保各阶段工作符合规范要求。

● 在“策划与风险评价阶段”中，先确定重点部位及关键装置，然后根据风险评价的方法，运用预先危险性分析（PHA）、安全检查表分析（SCL）和工作危害分析（JHA）3 种主要方法，进行逐项分析评价，同时对中等以上风险的事项，制定出防范与控制措施，组织所在生产岗位人员进行学习讨论，并上墙公布、告知。

● 在“标准化管理制度补充修订”阶段，重点对安全管理制度进行全面补充、修改，从原有 23 种安全制度增加到 34 种。

● 在“标准化运行和自评”阶段，通过对要素分解、运行督察，促进运行机制的完善和运行的效果。例如，对安全检查表不断进行增加和补充，从开始的 20 多种，增加到现在的 40 种，实践证明效果良好。

● 加强绩效考核，巩固标准化成果。长期以来，公司始终坚持严格的安全管理奖惩制度，并每月进行 1 次管理考核。对安全管理不到位、违章违纪及一切不安全行为，对照考核细则，严格考核。例如，严格规定禁火区内抽烟者处罚 1 000 元；对上岗睡觉者扣罚 40%岗薪，并连续 3 个月降薪 100 元。同时，对安全工作做出贡献的人员，给予奖励；对贡献大的，给予重奖。例如，对发现压缩机管道出现差错和重大隐患的人员，均给予 2 000 元的奖励。2007 年，安全考核共 65 起，155 人次被考核，考核金额达 39 993 元；奖励 145 人次，奖励金额达 36 300 元。另外，为保证安全生产标准化工作的有效推进，还将开展安全生产标准化工作列入有关单位、部门的年度安全目标责任状考核内容，形成管理要求与绩效责任考核的紧密结合，从而保证了安全管理制度的严格执行和标准化工作的有效开展。

(3) 实施安全生产标准化的成效与体会

企业开展安全生产标准化工作是粗放型向集约型转变的需要。当企业发展到一定阶段时，生产安全就必须更加严谨、科学、规范地进行管理，危险品化工生产企业显得更为突出。公司开展安全生产标准化后，初步取得了以下成效：

● 进一步健全和完善了安全规章制度。通过对国家安全法律法规和标准的获取辨识，根据安全生产标准化的要求，对公司现有的安全规章制度进行了梳理和修订，并补充了如《重大危险源管理制度》《重要部位、关键装置安全管理制度》等标准化规定的16项制度，使企业的安全规章制度更加健全和完善，依法治厂，有章可循得到增强和提高。

● 提高了安全管理、安全检查的科学性、规范性。根据安全生产标准化的要求，认真制定了关键装置安全检查表、安全综合检查表、节假日安全检查表和电气等专业安全检查表等共40种检查表，从而改变了安全检查目标不明确、重点不突出，眉毛胡子一把抓的随意性检查的低标准、旧习惯，使安全管理和安全检查走向规范化、科学化、标准化和有效性的良好轨道。

● 引入风险概念，加强风险管理与控制。风险评价与控制是预防为主方针落到实处的具体体现。通过实施标准化，确定了合成塔等26处为关键装置或重点部位，按风险评价的方法，对包括重点部位、危险岗位和安全检修、进入受限空间作业等28个项目进行风险分析评价，并将评价结果在相关岗位告知与开展讨论，从而使作业人员对岗位风险更加了解，防范意识得到强化，控制措施得到进一步落实，对促进企业安全生产发挥了显著的作用。

● 营造了安全生产氛围，企业安全文化得到提高。在安全生产标准化工作实施过程中，首先高度重视人、机安全的标准化，同时，高度重视软件与硬件的安全标准化工作。例如，在重大危险源等危险部位设置“危险告知牌”；重新规范有毒有害岗位的“毒物周知卡”和“检测牌”；在易燃、有毒设备或岗位增设“可燃气体检测报警仪”，以及众多的“安全须知”警句标语牌等，营造了浓厚的安全氛围。（李耀忠）

22. 鲁南化肥厂甲醇分厂扎实推进安全生产标准化建设的做法

鲁南化肥厂于 1967 年 7 月破土动工，1972 年 9 月正式投产，1999 年 12 月加入兖矿集团公司，成为兖矿集团煤化工产业发展生产、科技研发、人才培养的基地。现有资产总额 40.32 亿元，员工 3 900 人。年生产能力为尿素 80 万吨、甲醇 20 万吨、醋酐 10 万吨、二甲基亚砜 6 000 吨，还生产多肽尿素、长效缓释肥料、液氨、工业氧、纯氮、纯氩、硫黄等产品。

鲁南化肥厂实施阳光安全预控管理，把维护职工生命健康权作为安全管理的核心，牢固树立“以人为本、责任在我”的安全理念，紧紧围绕理念、制度、行为三要素，以安全信息网络为平台，建立安全责任、安全教育培训、安全隐患排查等八大体系，对人、机、环境等因素进行超前分析和预防，最大限度地消除和减少隐患，形成了独具化工企业特点的“机、电、化、仪、管”五位一体联检、“4E”安全确认、工前五分钟安全预知、安全星级班组、星级员工评比以及“三警联动”等创新机制。企业实现了安全生产十周年，被授予全国首批危险化学品从业单位安全标准化一级企业。

甲醇分厂作为鲁南化肥厂的一个分厂，主要包括三套净化、三套合成、一套变压吸附、一套硫化氢尾气精加工，共八道工序，员工 450 名，先后向兖矿集团煤化工项目输送 212 人。在人员更替频繁、年轻人多、界区范围大、工艺流程多样、安全管理任务繁重的情况下，甲醇分厂生产运行呈现出安全良好的态势，主要得益于扎实推进安全生产标准化建设。

甲醇分厂扎实推进安全生产标准化建设的主要做法如下：

(1) 立足“三项工程”，提高思想认识

思想认识到位，措施才能落实到位。按照安全生产标准化规范的要求，甲醇分厂牢固树立“以人为本、责任在我”的企业安全理念，把维护员工生命健康权作为安全管理的核心，构建立体交叉式安全监管模式，不断加强现场管理，积极开展“零排放”、工序评比活动和隐患治理，强化责任落实，积极营造安全和谐的环境。

安全生产标准化建设是“一把手”工程。基层安全生产是开展一切工作的基础，涉及分厂管理的方方面面。安全生产标准化工作开展情况直接反映工作效果，体现分厂整体管理水平。分厂主要负责人按照“一岗两责”的工作要求把安全生产标准化建设纳入到了日常管理的重要内容。

安全生产标准化建设是一项效益工程。跑冒滴漏所浪费的都是资源，有些是生产原料，有些是中间产品，白白浪费掉，这不仅是现场问题，同时也会影响到安全、影响到效益。安全生产标准化工作开展得好，现场有毒有害物质泄漏现象少，职工中毒的几率就低，可大幅度避免事故发生，本身就是最大的效益。

安全生产标准化建设是一项系统工程。创建工作不仅涉及文字资料、现场文明生产，还涉及生产工艺、设备管理的各方面。现场的积油积液、杂物堆积，这些平时看起来的“小问题”，如不及时消除，日积月累就有可能引发安全事故，所以，安全生产标准化建设工作必须从现场系统抓、全覆盖。

(2) 实施“两个提升”，打下坚实基础

意识影响行动，标准规范行为。甲醇分厂立足“两个提升”，强化员工安全行为养成，高标准加强现场管理。

提升安全生产的自觉性。实现安全生产，关键在于日常行为习惯的养成，把习惯作为“顺手”做的事情，提高“把规程当习惯”的自觉性。为此，甲醇分厂在员工中广泛征集安全好习惯、好建议，从征集的280多条建议中，汇总整理“百条安全好习惯”。通过员工广泛参与这种形式，增加了员工对安全规程的亲和力与认同感。发动员工把“百条安全好习惯”编写成顺口溜，使枯燥的条款通俗易懂、便于记忆、便于执行。通过这种群众喜闻乐见的形式，广大员工对“百条安全好习惯”中的各项条款入脑入心，变成自觉行动。

提升现场管理标准。针对现场管理工作，甲醇分厂提出“刮脸、除斑、描眉”的整体标准。“刮脸”就是要做好面上的工作，整体环境要好；“除斑”就是要做好点上的工作，解决好重点问题，如生产现场低空管道上随意摆放的抹布、塔群塔座底下的半个砖头，应该除去，不留隐患；“描眉”就是做细活、抓亮点、出精品。

（3）搞好“三个结合”，落实“三项措施”

安全生产标准化是安全生产管理的基础，必须联系生产管理实际，建立和完善检查考核机制，贯穿到生产过程的各个环节。

做好“三个结合”，推动安全生产标准化工作落到实处。一是与上级工作要求相结合。按照“提高管理标准、提高工作效率”要求，甲醇分厂积极开展百项整改活动，由各工序运行工程师负责，每月对现场存在的问题，落实具体整改措施。分厂对问题的整改措施、落实情况具体化、细致化，发现一项，整改一项，验收一项，做到高标准、严要求。二是与设备日常维护保养相结合。设备运行情况直接影响安全生产标准化管理的效果。设备维修人员坚持一天四巡检，风雨无阻。巡检随身携带听棒、抹布和扳手，见到漏点及时处理，不能处理的及时上报解决。严格落实设备包机制度，开展包机竞赛，各专业人员目标一致，全面提高了设备管理水平。三是与“五冒”治理相结合。加大现场管理力度，积极开展“五冒”治理，杜绝尾气烟囱冒烟、管道冒蒸汽、地面冒水、设备冒油、空气中冒味道的“五冒”现象。

（4）落实“三项措施”，提高安全生产标准化建设水平

一是加强领导，建立健全责任体系。分厂专门成立由党支部书记任组长，分厂技术员、各工序运行工程师为成员的安全生产标准化领导小组，按照“主要领导亲自抓，切块管理，分工负责”的原则，将安全生产标准化建设按照责任分工，层层落实到各界区、各岗位，形成了层层抓管理、人人抓落实的良好机制。

二是严格检查、落实和讲评，建立长效机制。各道工序每天每班组织自查、考核；分厂每周至少组织一次联合检查，检查结果分厂内部通报，采取措施，跟踪落实，并在周调度会上进行讲评。从绩效工资中设立专项考核指标，严格奖惩兑现。

三是发挥党工团力量，强化齐抓共管。党员的包机挂党员红旗包机标识，亮出身份，接受监督。工人先锋号实行流动管理，让员工感受到荣誉的保持必须做到持之以恒，激发了员工做好安全生产标准化的热情。针对现场点多面广、任务重的实际，分厂积极开展“党员奉献日”活动，组织党员对厂房、设备进行清理，消除卫生死角，系统排查治理隐患，推动了现场面貌改善，提高了队伍的凝聚力和战斗力。（刘晓威）

化工企业开展安全生产标准化建设的做法与经验评述

化工企业（特别是危险化学品企业）生产具有高温高压、易燃易爆、易中毒、易腐蚀等特点，与其他行业相比，生产过程中潜在的不安全因素更多，因此对安全生产的要求也更加严格。而且化工企业的危险性和危害性也大，一旦发生有毒有害物质泄漏，不但会造成生产人员中毒伤害事故，导致生产停顿、设备损坏，而且还有可能波及社会，造成其他人身中毒伤亡，产生无法估量的损失和难以挽回的影响。

2011 年 5 月，国务院安委会发布《关于深入开展企业安全生产标准化建设的指导意见》，对危险化学品企业提出要在 2012 年年底前实现达标。

(1) 目前我国危化品行业的安全生产标准化建设情况

2005 年，国家安监总局在广泛征求意见的基础上，组织制定了《危险化学品从业单位安全标准化规范（试行）》和《危险化学品从业单位安全标准化考核机构管理办法（试行）》，积极推进危化品企业安全生产标准化建设工作。

几年来，推进危化品企业安全生产标准化建设工作取得了显著成效。截至 2010 年年底，全国有近 2.6 万家危化品企业开展了安全生产标准化工作，7 400 家企业提出达标评审申请，5 500 多家通过达标评审，其中，一级达标企业 36 家，二级达标企业 1 530 家，三级达标企业 3 951 家。

安全生产标准化建设工作虽然取得了一些成绩，积累了一定的经验，但在推动和创建过程中还存在一些问题，如思想认识不统一，重视程度不平衡，推进力度不大以及评审不规范等。因此，2011 年 2 月，国家安监总局印发《关于进一步加强危险化学品企业安全生产标准化工作的通知》，要求全面开展危化品企业安全生产标准化建设工作，深入开展宣传和培训工作，严格执行达标评审标准，规范达标评审和咨询服务工作。2011 年 6 月和 9 月，又分别印发了《危险化学品从业单位安全生产标准化评审标准》（以下简称《评审标准》）和《危险化学品从业单位安全生产标准化评审工作管理办法》（以下简称《评审管理办法》），对推动和规范危化品企业安全生产标准化建设提出了新的、具体的要求。

(2)《评审标准》特点和对危化品企业标准化建设的要求

《评审标准》是以《危险化学品从业单位安全标准化通用规范》（AQ 3013—2008）为依据，根据《企业安全生产标准化基本规范》（AQ/T 9006—2010）的内容进行充实，并结合了有关安全生产法律法规和安全许可条件，引入了国务院、国务院安委会、国家安监总局有关文件的要求，细化为危化品企业的达标标准。

《评审标准》具体来说有 5 个特点：一是优化了标准化达标评分体系。在总结以往经验和做法的基础上，《评审标准》针对过去“一个标准打分、人为干预较强”的现象，将一级、二级、三级达标标准区分开来，相对独立，危化品企业可以清晰地看到各级标准的具体要求。《评审标准》在全面细化危化品企业安全生产标准化三级达标标准的基础上，新增了一级、二级达标条件，构成了基础标准相同（三级标准）、明确拔高条件（新增条件）的三个等级标准相对独立的达标标准体系。二是明确了危化品企业“硬件”达标要求。《评审标准》在完善危化品企业安全管理“软件”要求的同时，对“硬件”标准提出了明确要求，引导企业提高管理水平的同时，更注重改善企业的安全生产条件和提高装备的本质安全水平。三是增加了否决项。在总结以往实践经验的基础上，针对我国危化品企业安全生产存在的普遍性薄弱环节，在《评审标准》中优化了否决项的设置，有利于引导企业在薄弱环节上下功夫，全面提高安全管理水平。四是细化了具体要求。针对当前危化品企业在制度建设、责任制落实、本质安全等方面存在的突出问题，《评审标准》对企业全员安全生产责任制、基本制度、操作规程、事故事件、危险工艺、关键装置、重大危险源等方面的达标要求进行细化，增强了可操作性。五是为各地区结合本地实际充实完善《评审标准》留出空间。考虑到各地区针对危化品安全生产不同特点制定了许多好的制度、措施和办法，《评审标准》专门设置了“地方要素”，形成开放项，由各地区补充完善，进一步增强《评审标准》的可操作性和针对性。

(3) 危化品企业标准化建设中应着重的方面

《评审标准》是三级企业基本达标标准，同时设置了二级企业、一级企业达标标准，内容翔实，具有较强的实用性、可操作性和指导作用。

在《评审标准》12 个 A 级要素中，新增最后一个要素“本地区的要求”是开放要素，由各地区结合本地实际情况进行充实。这是考虑到各地区危险化学品安全监管工作的差异性和特殊性，为地方政府预留的接口。各省级安全监管部门可根据本地区危险化学品行业的特点，将本地区关于安全生产条件尤其是安全设备设施、工艺条件等方面的有关具体要求纳入其中，形成地方特殊要求。

新修订的《危险化学品安全管理条例》中，对危险化学品的仓储和运输做出了新的规定，《评审标准》在“危险化学品管理”这一 A 级要素中也相应增加了“储存和运输”的规定，要求“危险化学品应储存在专用仓库内，并按照相关技术标准规定的储存方法、储存数量和安全距离，实行隔离、隔开、分离储存，禁止将危险化学品与禁忌物品混合储存；选用合适的液位测量仪表，实现储罐物料液位动态监控；危化品输送管道应定期巡线；剧毒化学品及储存数量构成重大危险源的其他危险化学品必须在专用仓库单独存放，实行双人收发、双人保管制度；危险化学品运输专用车辆要安装具有行驶记录功能的卫星定位装置，并对危险化学品运输车辆GPS的安装、使用情况进行检查；采用金属万向管道充装系统充装液氯、液氨、液化石油气、液化天然气等液化危险化学品”等。

根据近年来危险化学品安全管理的经验，《评审标准》对其他A级要素的部分子要素也分别进行了修订，以实现安全生产标准化全过程、全方位建设。如增加“领导干部带班制度”“安全文化建设”“从业人员岗位标准”“实行全员安全风险抵押金制度或安全责任保险”“对风险较高的系统或装置加强在线检测”“完成自动化控制技术改造”“对承包商的安全作业规程、施工方案和应急预案进行审查”等内容。

由于危险化学品企业涉及众多行业，如氯碱、合成氨、硫酸、电石、涂料、溶解乙炔等，这就要求企业在《评审标准》总体要求的基础上，针对本企业特点和生产工艺特征，结合安全生产标准化实施指南的具体要求进行创建工作，并通过试点示范的方式，发现和总结好的经验和做法，培育先进典型，树立一批安全生产标准化的“样板企业”“样板车间”和“样板班组”，发挥典型引路的作用。

还需要注意的是，取得安全生产许可证的危险化学品生产企业和取得危险化学品经营许可证的危险化学品经营企业，应当在规定的时间内达到安全生产标准化三级企业标准。凡在规定时间内未实现达标的企业要依法暂扣其生产许可证、安全生产许可证、经营许可证，责令停产整顿；对整改逾期未达标的，地方政府要依法予以关闭。通过评审，达到并保持安全生产标准化二级标准的危险化学品生产、经营企业，在危险化学品安全生产许可证或危险化学品经营许可证有效期满时，可以直接办理延期手续、换发相应许可证。

达到安全生产标准化一级标准的危险化学品企业应当是本行业、本地区安全生产条件最好和安全管理水平最高的企业。

（四）煤矿企业开展安全质量标准化建设的做法与经验

23. 山西晋城无烟煤矿业集团有限责任公司开展安全质量标准化实现长期稳定好转的做法

山西晋城无烟煤矿业集团有限责任公司（以下简称“晋城煤业集团”）的前身是晋城矿务局，主营煤炭开采、洗选加工、煤层气开发利用、煤化工等，是我国优质无烟煤的重要生产基地，拥有55个控股子公司、12个分公司。截至2010年6月，企业总资产达1 075亿元，现有省内外员工11万人。

晋城煤业集团历来重视安全生产工作，近年来，按照国家安监总局、山西省安监局的部署，于2004年开始积极推进安全质量标准化建设，从基础工作抓起，坚持突出以人为本，提高员工遵章守纪意识，把安全第一变为每个员工的自觉行动，为实现安全生产长期稳定好转奠定了思想基础，促进了安全生产工作的健康可持续发展。

在积极推进安全质量标准化建设、强化安全生产法规建设，提高员工遵章守纪意识方面，晋煤集团公司主要抓了三个环节。

(1) 建立并完善安全质量标准化标准

安全质量标准化建设是企业的一项基础性工作，搞好安全生产必须从基础工作抓起。集团公司高度重视安全生产基础工作，在夯实安全基础工作中，从安全质量标准化建设入手，不断建立健全了各项安全质量标准化相关制度。

● 建立完善安全质量标准化标准。安全质量标准化是在继承以往质量标准化工作的基础上发展而来的。根据国家煤矿安全监察局颁布实施的《煤矿安全质量标准化标准及考核评级办法》，原来制定执行的质量标准化标准已不适用。为此，集团公司于2004年年底制定了《晋城煤业集团安全质量标准化标准及考核评级办法》，将安全质量标准化标准分为两大类：第一类是生产矿井安全质量标准化标准，在国家煤矿安全质量标准化标准的基础上，增加了“安全管理、调度通信、洗选加工、综合管理”4 个专业标准，这样，集团公司生产矿井安全质量标准化标准包括了“采煤、掘进、机电、矿井运输、通风、地测防治水、安全管理、调度通信、洗选加工、综合管理”10 大专业内容。第二类是其他系统安全质量标准化标准，包括“通信信息、发供电、铁路运输、基建施工、煤气站、供水供热”等内容。

● 建立完善岗位作业标准。参照原煤炭部颁发的《煤矿工人技术操作规程》，集团公司对原岗位作业标准进行了修订补充和完善，岗位作业标准按采煤、掘进、机电、运输、通风、地测、洗选、安监 8 个专业，共 51 个工种进行制定，分专业印刷了 12 本岗位作业标准分册，全公司共印刷了 2.16 万册岗位作业标准单行本，发到井下工人手中，做到人手一册。同时印刷了 800 本岗位作业标准合订本，发到集团公司、矿、科队三级管理人员手中。

● 建立完善现场安全考核系列标准。《晋城煤业集团现场安全考核系列标准》包括 4 个方面的内容：①伤亡事故标准和分类；②非伤亡事故标准和分类；③“三违”的标准和分类；④隐患的标准和分类。在制定系列标准时，按照顶板、通风、运输、机电、地测、地面和其他 7 个专业进行分类。7 个专业共有 249 条属于“三违”标准，其中严重“三违”标准 119 条，一般“三违”标准 98 条，轻微“三违”标准 32 条。7 个专业共有 375 条隐患标准，其中 A 级隐患标准 19 条，B 级隐患标准 29 条，C 级隐患标准 327 条。在 C 级隐患标准中，根据井下实际情况，把它分为严重、一般和轻微 3 个系列标准，其中严重隐患标准 93 条，一般隐患标准 96 条，轻微隐患标准 138 条。对于“三违”和隐患系列标准，集团公司统一制定了扣分标准。

● 建立完善各项安全管理制度。集团公司和各矿、区队及班组都建立完善了各项安全管理制度，包括《安全例会制度》《安全风险抵押制度》《安全投入保障制度》《安全生产监督管理暂行规定》《事故汇报、分析、处理制度》《事故调查处理暂行规定》《安全副队长管理条例》《重大事故应急救援预案》《安全信息反馈制度》《安全奖罚制度》《安全特别小分队管理规定》《安全宣传教育制度》《“一通三防”管理制度》《隐患排查制度》《加强安监队伍建设若干规定》等。

● 制定员工行为规范。为了规范员工行为，集团公司颁布了《安全文化手册》，明确规定了公司员工 12 字安全行为规范，即守信、遵章、清理、有序、准时、素养。与此同时，集团公司对管理层安全工作提出了 32 字总要求，其具体内容是“安全第一，决策科学，按章指挥，管理有方，敢于任事，公正执法，注重现场，确保落实”。各单位把 12 字安全行为规范和 32 字总要求细化成考核内容，纳入到每月的安全绩效考核中。

● 编印《安全生产法律法规选编》和《安全管理制度汇编》。集团公司编印了《安全生产法律法规选编》，这本书选编了 27 个常用的安全生产法律法规，并印刷了 5 000 册下发到各级管理部门。集团公司和各矿编印了《安全管理制度汇编》，把各项安全管理制度汇集成册，印发给基层单位和管理人员。与此同时，集团公司还编印了《安全法规问题 500 问》一书。这本书以问题的形式，融知识性、专业性、实用性、权威性为一体，分 9 个专业，系统地介绍了工人常用的煤矿安全法规基本知识，并发到员工手中，做到人手一册。

(2) 抓好安全法规的学习宣传

实现安全生产的法制化管理，学习宣传法规是基础。只有使各级领导干部和全体员工学法、懂法、知法，才能把安全生产纳入到法治化管理轨道。为了普及广大员工的法律法规常识，集团公司重点在 4 个方面强化安全法规的学习宣传教育。

● 抓安全法规的学习。在学习安全法规过程中，集团公司主要抓好3个环节：首先是自己学。要求广大员工认真学习好各种安全生产法规，区队定期对自学情况进行检查，并把检查结果纳入到日常安全生产考核中。其次是集中学。班组利用班前班后会，区队利用每周安全活动日，矿利用各种培训班，集中学习各种安全法规。再次是专题学。对于国家颁布和制定的各项安全法规，集团公司、各矿和区队及时进行专题学习和辅导，把各种安全法规学习传达贯彻到广大员工中去。

● 抓安全法规的宣传。集团公司利用各种宣传途径和宣传工具，加大安全法规的宣传力度。集团公司和各矿充分利用板报、电视、演讲、图片、简报、宣传车、宣传材料、幻灯、标语、文艺汇演、竞赛等形式，宣传各种安全生产法规的主要内容，在全公司营造了浓厚的学习安全法规的氛围。

● 抓安全法规的培训。在举办的各种安全培训中，集团公司把安全法规作为重点培训内容。在此基础上，集团公司和各矿还不定期地举办各种专题安全法规培训班，重点对各级管理人员、6大重点工种和各级安全第一责任人进行培训，要求这些人先学一步，学深一些，从而带动整个安全法规学习活动的不断深入。

● 抓安全法规的统考。集团公司每年要对全体员工进行一次安全资格统考，统考内容是应知应会和法规常识。统考合格者，才能领到安全资格证书，做到持证上岗，否则，不得上岗。在此基础上，每年确定一个专题，进行安全管理干部的安全法规统考。2003年组织了职业安全健康管理体系知识统考，2004年组织了“一通三防”知识统考。通过安全法规的统考，进一步调动了广大员工学习安全法规的积极性，在全公司上下掀起了一个学法、知法、懂法的群众热潮。

(3) 调动广大员工的积极性、主动性和自觉性

集团公司在实践中深深体会到，要搞好安全生产，必须最大限度地调动广大员工的积极性、主动性和自觉性，把职工的安全行为建立在遵章守法、按章作业的基础上。只有这样，才能有效地控制"三违"行为，确保实现安全生产。搞好安全为了职工，依靠职工搞好安全。为了提高广大员工的守法自觉性，增强他们的自我约束能力、自我控制能力、自我监督能力和自我管理能力，集团公司把按章操作、遵章守法落实到安全生产管理的全过程。

● 抓落实管理干部安全责任到位，把约束干部安全行为贯穿于安全生产管理的全过程。各级管理干部在安全生产中担负着重要职责，他们的安全责任落实得如何，不仅影响到安全生产的好坏，而且在群众中具有导向和示范作用。因此，集团公司明确要求各级管理干部在安全管理中要把"安全第一，决策科学，按章指挥，管理有方，敢于任事，公正执法，注重现场，确保落实"32 字总要求付诸行动，在安全生产中切实履行管理责任，在生产现场把好安全生产指挥关和管理关。坚持安全绩效与各级领导的面子、票子、帽子挂钩，凡发生重伤的班组，免除班组长职务；凡发生死亡事故的区队，免除区队长、书记和安全副区队长职务；凡发生 3 人以上死亡事故的矿井，免除矿长、书记和安全副矿长职务。对于发生死亡事故被免职的管理干部，就地安排工作，不能异地做官。近几年来，全集团公司共有 29 名管理干部因事故责任被免除职务。

● 抓落实员工岗位操作标准和安全质量标准化标准到位，把自保互保安全行为贯穿于生产现场全过程。要想搞好安全生产，必须把岗位操作标准和安全质量标准化标准落实到生产现场。为此，集团公司从落实岗位操作标准和安全质量标准化标准入手，在规范职工的安全行为上下功夫。落实这两个标准，集团公司从应知应会、应该干到什么程度、应该承担什么责任都对每个员工做了明确规定和要求，使他们在井下生产过程中，有标准、有要求、有规范、有考核、有奖惩。对于员工的岗位作业标准化和安全质量标准化，区队建立了严格的检查考核办法，对于出现的"三违"行为，区队都要按"三违"系列标准对号入座，给予处罚。对于"三违"造成事故的责任者，各单位都要按照事故处罚规定对号入座，给予重罚。各矿制定了职工不按章作业就下岗的管理办法，严重工伤以上事故的责任者、严重非伤亡事故的责任者、重大隐患不排查的责任者、月度发生2次严重“三违”者、隐瞒事故责任者等一律下岗，下岗时间为3到6个月，下岗期间只发给下岗人员生活费。

● 严格管理与人情管理相结合。在坚持严格管理的同时，集团公司把严格管理与人情管理融为一体，建立了安全罚款返还奖励制度。凡是受到安全罚款的单位和个人，在安全管理中能够以此为戒，吸取教训，杜绝“三违”，做出贡献者，给予安全罚款返还奖励，返还奖励金额视贡献大小来确定。这项制度实施以来，原来违章蛮干的员工，不仅自己不再违章作业，而且带头制止别人违章作业，成为安全生产的带头人。

24. 耿村煤矿实施安全质量标准化创建“五优”矿井的做法

耿村煤矿是河南义马煤业（集团）有限责任公司的骨干矿井之一，始建于1975年，1982年投产，现有员工5 000多人。建矿30年来，累计生产原煤近5 000万吨，上缴利税十亿多元，成为河南省产量最高、效益最好的矿井，并荣获全国五一劳动奖状、全国煤炭系统文明煤矿等荣誉称号。

近年来，耿村煤矿坚持把安全质量标准化作为矿井发展的基础工程、生命工程和效益工程来抓，使矿井现场作业环境不断优化，安全装备水平持续提升，不仅消灭了轻伤及其以上人身伤亡事故，而且杜绝了瓦斯和一氧化碳超限现象，有力促进了矿井的安全生产。

耿村煤矿实施安全质量标准化的具体做法如下：

(1) 创建“五优”矿井，夯实安全基础

“五优”矿井是河南省煤炭工业管理局近年来开展的一项重要工作。2007年年底，耿村煤矿按照河南省煤炭工业管理局和义煤集团公司的统一部署，开展了“安全无事故，工效上十吨，一级标准化，科技有创新，矿区文明化”的“五优”矿井创建活动。

矿安全质量标准化工作领导小组按照高起点、高标准的安全质量标准化矿井建设要求，对全矿所有巷道、硐室、工作面全部进行了整修和装饰；对主要运输和相关提升系统进行了变频、提速、软启动等方面的技术改造；对井上井下的储装运系统、供电系统进行了扩容、增能等多项技术改造升级。截至2010年年底，全矿还完成巷道扩修工程1.2万余米，提高了矿井通风和运输能力，使矿井安全基础更加巩固，安全质量标准化水平不断提高，“五优”矿井初见雏形。

2008年以来，根据全矿生产形势的变化，耿村煤矿又提出了“建设精品‘五优’矿井，实现耿村强势发展，奋力打造中原第一矿”的工作目标。要求把精细化管理机制导入到安全质量标准化建设的全过程，按照人、物、环境、管理四位一体的标准化模式，全面推进精品“五优”矿井建设工作。

(2) 按照标准化的要求抓好落实

安全生产事关广大职工的生命安全和企业财产安全，是社会和谐稳定的基石，也是保证企业又好又快发展的前提和保障。就安全生产而言，重要的是抓落实，只有落实到位，才能体现出效果。因此，耿村煤矿在安全质量标准化建设的过程中，始终把抓落实放在突出的位置。

● 实施人员行为标准化。领导小组坚持环境育人，制度管人，在全矿强力推行了“三述三化两确认”(岗位描述、手指口述、环境描述，行动军事化、工作标准化、语言文明化，安全确认、质量确认)安全管理，以及“精细、精确、精准、精益、精美”“细在流程、细在环节、细在考核、细在监督”“无遗漏、无缺陷、无盲区”为内容的“五精四细三无”安全管理，并实施“一线工作法”，要求水平在一线检验、矛盾在一线化解、典型在一线推广、经验在一线总结、作风在一线转变、问题在一线研究、措施在一线落实、领导在一线指挥，使全体职工步调一致，工作标准定性定量、规范到位，提升了矿井工人的凝聚力和执行力。

● 实施物品状态标准化。全矿对所有物品、设施，全面进行编码定置管理，实现了对每一天、每一事、每一人、每一处、每一物的精确控制。同时，全矿不断加大科技投入，积极推广应用高新技术，相继完成了矿井瓦斯综合治理与应用系统、井下人员定位系统、矿井变电所自动化监控系统、非均质大断面巷道支护技术、端头支护放煤技术 5 个重要科研项目，提升了矿井的科技含量。

● 实施工作环境标准化。全矿以彩色化、明亮化、语音化、标识化为内容，全面推进安全质量标准化建设向更高目标迈进。按照国家规定的安全色，全矿对井下近 7 000 m 的大巷和井下所有物品、设施、设备等，进行了色彩分辨和美化改造；对井下所有工作地点的照明设施，进行了加密增亮，照明灯由原来的单排改为双排；对井下所有管道、支架、皮带架、设备等，用不同色彩进行标识区别，形成了完善的井下安全听视觉体系；创建人员还在井下主要行人地点安装了音响，不断播放安全知识和优美音乐，对职工进行温馨提示，增强职工安全意识；对全矿干部职工的矿帽按照单位、职务等情况进行了统一标识，上级领导及矿领导的帽子为红色，书写贵宾、督察字样，党员的帽子上印有党徽，班长以上人员均标明职务情况，从而有效提升了党员、干部的责任意识，也提升了矿井的整体形象。这些措施，不仅优化了职工的工作环境，而且增强了职工的防灾应变能力。

● 实施管理标准化。全矿按照“处处有管理”的要求，在每个单项工程开工前，都要求生产、安检、企管等部门对施工单位制定的工程质量标准、环境质量标准一律按精品工程进行会审、会签。在实施过程中，领导小组还完善了激励机制，推行“工程质量零事故”和动态达标管理，促进管理工作由点面达标向系统达标延伸，由井下达标向井上达标延伸，由硬件达标向软件达标延伸，由静态达标向动态达标延伸，由生产环境达标向美化亮化延伸。一是对地面工业广场、地面南风井机房、6 kV 变电所进行了高标准整修，工业广场轨道全部更换为 30 轨。二是大力推进综合自动化矿井建设。通过对矿井技术设备的不断升级改造，耿村煤矿先后建立了覆盖井上井下的矿井瓦斯监控系统、井下人员定位管理系统、小灵通生产指挥系统、矿井变电所自动化监控系统、轨道运输信集闭遥控管理系统和矿压观测、冲击地压地面监测系统等现代化管理体系，为矿井安全预控管理奠定了基础。为进一步提高矿井的现代化水平和安全生产能力，下一步耿村煤矿准备把 13160 工作面打造成义煤集团、乃至河南省的第一个综合自动化工作面。三是每周组织一次安全质量标准化大检查，全方位地查找现场措施落实、工程质量、安全设施等方面存在的问题，并制定整改措施及方案，要求区队按照要求进行整改，在安全质量方面实现了动态达标。四是对东、西运输大巷进行刷白、粉顶、彩绘和地面水磨石精华处理，对东、西调车场等进行高标准的扩修和装饰，构建了具有耿村特色的“百科知识窗”和“千米文化廊”，营造了“车行巷道中，人在画中游”的温馨氛围，并在主要工作地点，为作业职工配备了饮水机、衣物架、洗脸池和垃圾回收袋，优化了矿井安全环境。矿井安全质量标准化工作呈现出了日日都有新变化、月月都有大提高的良性发展局面，实现了“处处是精品”的“五优”矿井创建目标。

四位一体的标准化模式，先后创出了“五四队”“综一队”等一批“样板工程”和“精品工程”。河南省煤炭工业管理局副局长陈党义在该矿调研后评价说，耿村煤矿“五优”矿井创建工作，措施得力，成效显著，走在了全省前列。

(3) 创新管理模式，筑牢安全防线

为了将安全质量标准化建设推向深入，耿村煤矿还把安全质量标准化创建活动和煤矿的重点工作——隐患排查治理有机结合，不断创新管理模式，使矿井的隐患排查治理和安全质量标准化建设得以深入。

耿村煤矿对安全隐患实行了超前预控。为了消除各类隐患，做好源头防范，矿里专门成立了安全隐患预控办公室，大力开展“矿井无隐患、个人无违章”活动，不间断地对全矿井安全隐患及危险源进行排查及预测预报。

在隐患超前预控的基础上，全矿还严格执行隐患排查整改。安检部门对所有排查出的隐患，按照隐患存在单位和整改难易程度登记建档，每天在井口显示屏和早晨调度会上进行通报公示，实行领导包保、部门挂牌督办，凡整改不彻底，不销号。对隐患整改率达到100%的单位，每月给予不低于3 000元的奖励；对隐患整改率低于95%的单位，每低一个百分点给予1 000元处罚。从而使矿井的隐患整改率始终保持了100%。与此同时，全矿严格实行事故追查处理，在“四个就是事故”（瓦斯超限、电气失爆、无计划停电停风和电气保护甩掉不用）的基础上，又按照集团公司提出的“高于规程、严于规程、创造性地执行规程”的要求，对各类事故隐患进行内部升格追查，严格责任追究，提高了安全隐患超前预控、排查治理的责任意识。

耿村煤矿创新安全检查思路，在坚持专项检查、突击检查、边缘地点检查以及中夜班检查等多种有效检查的基础上，又实行了安全质量标准化量化检查考核。领导小组参照煤矿安全质量标准化标准，从采煤、掘进、机电、运输、一通三防、防治水等方面，分专业、分单位制订具体的达标方案和实施规划，在巩固综采工作面质量标准化成果的基础上，进一步强化现场安全管理，按照“从基础工作着眼，从细处入手”的工作思路，每月都对各系统安全质量标准化进行全面考核和验收，从采、掘、开工作面到运输大巷、机电硐室，逐点、逐面、逐巷道查找存在的问题和隐患。管理人员下井检查必须分专业携带考核表，对照标准进行检查考核，并落实责任到具体责任者，做到考核有依据，工作有标准，从而大大提高了职工的正规操作和现场安全质量标准化水平，减少了个人违章行为。

耿村煤矿建立了四级安全管理机制，提升了安全管控能力。为增强安全意识，强化安全管理，矿领导小组从矿井安全管理的实际出发，在全矿建立了安全副矿长、安全副队长、专职班长、安全网员四级专职人员抓安全的管理机制，并明确规定“四专”人员由所在区队和安检部门双重管理，实行安全网员保班长、班长保副队长、副队长保副矿长，一级保一级，只对安全质量标准化工作负责，不与生产任务挂钩，从而充分发挥了他们建设安全质量标准化的积极性，有力地提高了全矿安全质量标准化建设水平。

与此同时，全矿还强化了现场安全管理，推行区队自检制度，规定各区队每周上报到矿的生产隐患不低于 10 条，矿相关部门定期组织人员对区队自检考核情况进行检查，对自检考核不认真的单位，给予正职相应的罚款。实行最好区队和最差区队评选办法，依照安全状况、日常安全管理、工程质量、“三违”情况等，实行百分制量化评选，得分最高的为月度最好区队，对区队及区队领导给予奖励，得分最低的为月度最差区队，对区队及区队领导给予处罚，从而促进了安全管理由被动型管理向主动型管理的转变。

安全质量标准化建设工作，为耿村煤矿的安全生产和稳定健康发展起到了巨大的推动作用，全矿通过开展安全质量标准化创建活动，不仅规范了职工的作业行为，在全体职工中树立了上标准岗、干标准活的安全意识，而且在全矿消灭了轻伤及其以上的人身伤亡事故。2007 年耿村煤矿被河南省煤炭工业管理局命名为安全质量标准化“五优”矿井，2010 年被国家煤矿安全监察局命名为安全质量标准化国家级标准矿井。

25. 潞安矿业集团公司推进安全质量标准化创建本质安全型矿区的经验

潞安矿业集团公司（以下简称“潞安集团”）的前身是潞安矿务局，目前为山西五大煤炭企业集团之一，现有总资产 634 亿元，子分公司 75 个，职工家属 30 万人（包括潞安新疆公司）。潞安矿业集团公司自2000年8月改制成立以来，杜绝了重特大事故，百万吨死亡率0.033，达到国际先进水平，其中5个年度实现事故为零，保证了职工生命安全和身体健康，全国总工会特颁“五一劳动奖状”。

安全质量标准化是煤矿安全生产的“生命工程”，是防治重大事故的根本途径。在安全质量保障体系建设方面，潞安集团坚持狠抓工程质量、工作质量和服务质量三项建设。建设高标准质量标准化矿井，创建本质安全的工作环境；建设岗位标准化作业工程，注重以人为本，实现操作个体的本质安全；狠抓班组建设，保证安全法规、制度及技术措施落实到位。

(1) 建立安全质量保障体系，夯实安全生产基础

在质量标准化建设方面，潞安集团制定了高标准质量标准化精品矿井达标考核办法，确立了“质量就是工作量”的理念，年初有规划，季度有考核，月度有检查，针对重点和难点问题，通过开展专业质量达标会战逐一解决。各基层单位采用同类作业队组之间的互检、互查，开展质量达标竞赛，大力营造创全优、创精品的安全质量氛围，安全作业环境得到进一步提升。

岗位作业标准化是由潞安集团在煤炭行业首次提出并推广实施的，旨在提高员工操作技能，规范员工操作行为，有效控制零打碎敲事故。在岗位作业标准化建设方面，公司制定了推广实施规划，通过连续十几年的岗位标准建设，广大员工已经由应知应会转变到了应用，自觉主动地按标准程序化作业已成为每个员工安全价值取向的重要组成部分。2003年，公司对138个井下工种的岗位作业标准进行了全面修订和完善，针对每个工种的班前准备、接班、作业、交班、班后汇报等项目从作业程序、动作标准、安全要点都进行了反复论证，使其更加科学、合理，更加人性化。并且，为了便于记忆，将每个岗位作业标准编制了顺口溜。

班组是各项法规、政策、安全决策和规程措施的落脚点，是安全责任、安全制度、安全措施能否落实到位的关键。为此，公司制定了《班组建设管理办法》，开展了“四无”班组竞赛（管理无漏洞，现场无隐患，行为无“三违”，安全无事故），公司每年召开一次班组工作会议，各矿每年举行一次班组长节。通过大力加强班组建设，保证了生产现场安全管理的科学、有效，保证了各项工作现场落实。

(2) 建立安全生产长效机制

潞安集团从员工的基本需求出发，坚持以人为本，带着深厚感情抓安全，强化依法治企、以德治企，从思想、行为、环境安全的三要素控制理论着手，加大严、细、实、准工作深度，从严务实、科学管理、与时俱进，经过不断探索和实践，建立了自我约束、自我完善和持续改进的安全生产长效机制。

● 建立安全管理体制。公司成立了以董事长、总经理为主任的安全生产委员会，实施了职业安全健康管理体系，建立了安全生产指挥体系、安全生产监察体系、安全生产保证体系、安全生产宣传体系、安全生产教育体系、安全生产后勤体系六大体系全员、全过程、全方位对安全生产进行齐抓共管的格局。

● 运行安全管理模式。坚定一个信念，即坚信事故是可以避免和消除的；提高两个能力，即提高矿井的安全综合防御能力和员工个体防护能力；夯实三项基础，即夯实质量标准化、岗位作业标准化和班组建设三项基础；强化“四无”管理，即管理无漏洞，现场无隐患，行为无“三违”，安全无事故；狠抓五项落实，即落实以《安全生产法》为主的法律法规，落实各级安全责任，落实安全规章制度，落实安全技术措施，落实安全目标考核；实施六项激励，即公司对矿的30%安全质量承包工资，季度安全目标台阶滚动奖励，安全生产长周期奖，矿、科、队、班组“四四二”安全质量结构工资，安全风险抵押，年终安全评优评先奖励。

● 推动安全文化建设。为了营造浓厚的“关爱生命，关注安全”安全文化氛围，公司树立了“科教、法制、责任、关怀”的安全文化观。把科学管理和科技兴安作为企业安全文化建设的立身之本和发展之源；把强化宣传教育，全面提高广大员工的安全意识和业务技能素质作为企业安全文化建设的基础；把坚持以法治企，开展制度创新和加强员工职业道德素质建设作为企业安全文化建设的保证；把珍爱生命、关注安全和调动广大员工的参与意识，提高员工生产安全的自觉性、主动性作为企业安全文化建设的最终目的。

(3) 建立安全生产运作体系

安全工作是一项庞大的系统工程，需要企业决策层、管理层、执行层各级领导高度关注，需要从技术、装备、管理、监督方面综合治理，需要全员、全方位、全过程实现有效控制。为此，潞安集团逐步建立安全生产运作体系，从而推动安全长效机制作用的进一步发挥。

● 建立安全目标责任体系，严格落实各级安全责任。公司建立和明确了各级、各部门和岗位人员的安全生产责任制，做到事事有人管，一事一主管。每年年初，公司根据省局下达的安全指标，经风险评估后，将指标分解至各业务部门和单位。董事长亲自与各矿矿长、各业务处室负责人签订“安全目标责任书”，各矿又将指标分解到业务科室和生产队组，然后层层签订“安全目标责任书”，员工人人写出“安全保证承诺书”。建立了横向到边，纵向到底的安全目标责任体系。

● 建立安全生产制度体系，坚持依法治企。为保证公司安全生产做到有法可依、有章可循，近年来，公司制定并完善了一系列安全规章制度、标准和办法。如建立完善《安全生产奖惩规定》《本质安全型矿井评价标准及实施细则》《动态安全检查考核标准》《“一通三防”管理规定》《矿长安全述职制度》《安全培训教育制度》《领导干部跟班制度》《班前会安全预警制度》《非正规作业单项工程责任制度》《安技措资金项目管理制度》《事故隐患排查制度》《安全信息运行管理制度》《生产事故赔偿制度》等，并将各项制度整编成册。

制度保证体系的建立完善，为国家安全法律法规的贯彻落实、坚持依法治企提供了强有力的保障。

● 建立完善“一通三防”管理体系，坚决杜绝重大事故。“一通三防”是防治重大事故的重中之重。在防止重大事故方面，公司始终坚持“一通三防”一票否决制，牢固树立了“安全第一，瓦斯为天”的思想，坚持了“瓦斯超限就是事故”的教育。在管理措施上，建立了以总工程师负总责的“一通三防”管理体系，坚持低瓦斯矿井按高瓦斯管理，高瓦斯矿井（区）按高标准管理，严格落实瓦斯治理“先抽后采、监测监控、以风定产”十二字方针，认真落实“四个高标准”（通风系统高标准，通风装备、设施高标准，通风管理高标准，人员素质高标准）。近 10 年来，公司共投入 2 亿元用于安全装备设施的更新和改造。通过组织、制度、技术、质量和管理五保证，使安措资金做到了立项合理、专款专用和按计划完成。

● 建立安全培训教育体系，提高员工安全综合素质。在安全培训教育方面，始终坚持“先培训，后上岗”的原则；全面贯彻“以技术培训为轴心，向技术要安全，向安全要效益”的方针；严格落实委托外培、重点和特殊工种培训、矿全员培训、队组重点培训和岗位练兵技术比武五级安全培训；在培训方式上，以年度员工培训教育计划为主线，将指标分解到各季、各月中，逐月检查落实。

● 建立职业安全健康管理体系，实现安全管理的科学化、规范化。潞安职业安全健康管理体系模式以公司本部为总体系，各矿又自成体系。这种母子体系模式的建立，既保证了各级责任的落实到位，又最大限度地发挥了体系的整体效能。为了实现危害因素的全过程控制，在制定安技措计划、矿井设计、编制《矿井灾害预防和处理计划》及《作业规程》和安全技术措施前，都事先进行危害辨识和风险评价，针对不可承受的风险制定了有效的纠正和预防措施。

● 建立安全目标评价体系，严格实行安全奖惩。在安全奖惩管理方面，坚持“零缺陷管理，零事故考核”的原则，建立了安全目标评价体系，严格按目标实现情况，经检查考核后实行“重奖重罚”。公司按吨煤 0.2 元，各矿按吨煤 0.25 元提取安全活动奖励基金；公司对各矿执行总工资 30%的安全质量考核；公司每年对各矿按季度实行安全目标台阶滚动奖励，全年无事故滚动奖励额高达 1 250 多万元，同时还对安全长周期给予奖励。对发生二级以上非伤亡事故、重大未遂事故，也制定了相应的处罚政策；对日常生产安全管理过程中出现的重大隐患和严重“三违”，按照公司“安全生产处罚规定”的要求，实行定价考核、处罚。

潞安集团通过安全质量标准化建设，经过长期安全实践的探索，建立了独具特色的安全生产长效机制。这种机制提高了安全管理的深度，体现了严格、务实、全面的工作方针，实现“生产必须安全、安全保障生产”的管理目标。(张明安)

26. 大同煤矿集团公司运用安全生产标准化创建“六化一落实”管理模式的经验

大同煤矿集团公司（以下简称“同煤集团”）的前身是大同矿务局，2000 年改制为大同煤矿集团有限责任公司，目前拥有煤田面积 6 157 平方公里，总储量 892 亿吨，总资产 750 亿元，47 对矿井，70 万职工和家属。2009 年煤炭产销量 1.13 亿吨，连续五年突破亿吨。现已形成以煤炭为主，电力、化工、冶金、机械制造等多业并举的特大型综合能源集团。

同煤集团历来重视安全生产工作，在煤炭产量不断创新高的同时，煤炭生产百万吨死亡率从 2000 年的 1.188 大幅下降到 0.197，集团也连续 3 年没有发生过 3 人以上重特大事故。这些成绩的取得，得益于开展安全质量标准化建设，得益于创建“安全管理军事化、安全制度依法化、现场管理标准化、安全责任全员化、安全技术科学化、安全教育素质化”和“安全管理强落实”的安全“六化一落实”管理模式。同煤集团在安全管理上的一个经验，就是运用安全质量标准化建设，推动安全“六化一落实”管理模式的建设。

(1) 严格落实：现场管理标准化

对于广大企业来讲，安全质量标准化是安全生产现场管理的核心，是建立安全生产长效机制的根本途径。为此，同煤集团始终坚持广泛开展安全质量标准化工作，以安全质量标准化促进现场管理水平的提高。为了推进新标准的顺利实施，集团制定了安全质量标准化工作的规划目标，修改完善了各类标准和考核办法，积极推行精细化管理模式，构建标准化长效机制，推动了安全质量标准化建设再上新台阶。在这些方面，集团又集中抓住了三个要点：

一是突出重点，整体推进。工作中同煤集团以“一通三防”质量标准化为突破口，在狠抓设施质量、提高装备水平、强化岗位培训上下工夫。

二是创建品牌，以点带面。每年在标准化先进矿井召开安全质量标准化现场会，打造精品，创建品牌、创建标准化示范区活动不断深化，由标准化矿井逐步向标准化矿盘区、标准化工作面、标准化作业点推进。充分发挥品牌示范作用，强化干部员工的安全质量标准化意识，掀起了学以致用、指导实践、你追我赶的创建品牌高潮。

三是加强检查，严格考核。集团严格落实行之有效的质量标准化管理制度和考核办法，坚持专业验收和综合验收“双检制”，坚持动态处罚与月终奖罚考核相结合，更加注重业务部门的联合检查验收，做到检查不断线，整改不松劲，标准更高，要求更严，建立了不断完善、持续改进的标准化长效机制。

(2) 严明纪律：安全管理军事化

“严格不起来、落实不下去”是安全管理的顽疾。长期以来，煤矿企业在安全工作上总是时紧时松，缺乏一贯的严厉作风。为此，同煤集团用军队的纪律、军人的作风来管理安全，实现了安全生产的雷厉风行，令行禁止。

首先，严格制度，严肃纪律。制度必须不折不扣地执行，纪律必须不折不扣地遵守。对违反制度、违反纪律的人和行为以及事故责任者坚决进行处罚。2004 年，严格按照“四不放过”的原则对 56 名事故责任人和 2 起非伤亡事故的 16 名责任人进行了严肃处理。

其次，落实任务，加强考核。在同煤集团，一项任务就是一道命令，必须向前完成，不能向后退缩。不但如此，集团对安全工作的推诿、扯皮行为，严肃处理，绝不轻饶。为此集团制定了《关于强化安全工作落实的实施意见》，对安全工作不落实和落实不到位的单位和个人严肃处理，做到了对安全工作有安排、有检查、有回音，安全工作质量明显提高。

(3) 严格制度：安全制度依法化

同煤集团提出了要以依法制订、落实制度为起点，逐步完善安全法制管理，以法律为准绳，用法律来说话，推进安全生产工作从人治向法治转变。在具体的实施中，制定了以下三项原则：

一是依法制订制度，保证制度的规范严格。近年来，同煤集团依据《安全生产法》等有关法律、法规、规章和标准，不断对安全管理制度进行完善、细化，共建立完善安全生产责任制度和管理制度 267 项。

二是严格规章制度，强化安全生产法律意识。同煤集团在各方面都努力做到这一点，加大对制度落实的监督、检查力度，特别是在对参组矿的监管上，把监管的主要任务放在安全生产法律法规和安全工作制度的贯彻落实上。

三是依法执行安全投入制度。“该花的钱一分也不能少，不该花的钱一分也不能多”是同煤集团坚持的原则，无论企业经营情况如何，安全资金始终确保到位。2000 年以来，共投入安全资金近 2 亿元。2004 年，同煤集团又按照山西省“煤矿企业安全生产资金按实际产量在生产成本中列支，每吨不得低于 10 元”的规定，将安全生产资金每吨增加到 15 元，保证足够足用。

(4) 广泛参与：安全责任全员化

落实全员安全生产责任制是安全生产管理工作的灵魂。同煤集团层层分解安全生产指标，级级强化安全生产措施，人人落实安全生产职责，形成齐抓共管的工作格局，实现全员、全过程、全方位的安全管理。

一是严格落实安全生产目标，确立了安全生产考核指标体系，将省安监局制定的安全控制指标层层分解到各生产单位，总经理、各生产单位、井下员工都签订了安全生产工作目标责任书。

二是严格实施部门安全责任监控。集团各业务部门经常深入现场，以严细、务实的作风，加强对生产作业现场、重点区域、薄弱环节和主要环节的安全管理，认真督促检查制度落实、装备使用、措施执行、隐患排查等工作，及时发现和解决安全生产中的矛盾和问题。

三是强化员工的安全生产主体地位。集团通过加强安全教育，增强员工的主体意识，认真落实员工的安全权利，给职工创造良好的参与安全管理的环境，发挥了职工监督安全的积极性。

(5) 科技兴安：安全技术科学化

长期的实践使同煤集团深深认识到，煤矿安全生产的根本出路在于科技进步。为此，同煤集团不断增加生产的科技含量，提升安全科技水平，以科技保安全。

一是全方位推广应用新技术、新装备、新工艺。三年来累计投入达7亿多元，更新综采综掘设备，引进了世界先进水平的大采高综采设备和薄煤层开采刨煤机，公司本部的综合机械化采煤水平达到98%以上。

二是大力开展科技攻关活动。针对安全生产技术上的重点和难点，同煤集团科学立项，组织力量，加强攻关。2003年11项科技成果通过国家及省级鉴定。

三是加快信息化、自动化、数字化技术步伐。集团对所有矿井安全监测系统全部进行了联网，2004年对四个高瓦斯矿井安全监测监控系统进行更新换代，装备瓦斯自动抽放系统，提高了安全系统的科技含量。

(6) 强化培训：安全教育规范化

技术进步和生产的发展，对员工队伍的安全素质提出了更高的要求。同煤集团以安全素质教育为主线，加大对员工的培训教育力度，从过去传统的技能培训、业务培训向员工安全素质教育转化，提高员工的安全综合素质。

一是加强了对员工的文化技术素质和安全技术培训，以适应当前生产科技越来越高的新要求。

二是创新培训教育形式。同煤集团坚持以素质能力为核心，以岗位培训为重点，按照多层次、多形式、学以致用、指导实践的原则，采用脱产与业余培训相结合，班前教育与专题学习相结合，扎实开展安全培训。2004年以来，共计培训员工83 863人次。

三是大力推进企业安全文化建设。同煤集团深入开展群众性的安全文艺汇演、安全演讲、安全生产宣传咨询、安全知识竞赛等活动，编印《安全论文集》《生命启示录》和《瓦斯事故反思录》等安全读本。大同煤矿电视台、《大同矿工报》开辟了安全专栏，普及安全生产法律法规和安全新理念、新知识。

(7) 严格执行：安全管理强落实

近几年，同煤集团提出了“开会＋不落实＝零；布置工作＋不检查＝零；抓住不落实的事＋追究不落实的人＝落实”的安全工作落实理念。

一是领导干部深入基层督促落实。集团从细划分安全责任区域，制定了公司、矿、队三级领导干部安全联点承包制和跟班上岗制度，建立了“公司领导包矿、矿领导包队、队领导包组”的安全承包体系，实行“包单位、包任务”的双包制，做到层层督促落实安全工作。

二是职能部门深入生产单位指导落实，定期检查、指导生产单位的安全工作，帮助其制定安全工作措施，解决安全工作中的问题。

三是健全制度，严格考核。同煤集团建立健全了严密的安全检查制、安全目标制、安全考核制、安全奖罚制等各种安全制度，对安全工作落实情况、质量情况和完成情况进行严格考核，按照制度规定奖惩兑现，保证了安全工作的严肃性。

27. 潘西煤矿实施安全质量标准化强化安全管理的做法

潘西煤矿是山东新汶矿业集团所属主要煤矿之一，于 1958 年建井，现生产能力达 150 万吨/年，机械化程度高，矿井系统配套，矿井机械化程度达到 95%以上。

潘西煤矿在安全生产管理上，不断深化安全质量标准化建设，坚持依靠科技进步，优化生产系统，强化安全管理，推动矿井各项建设，促进了安全工作和经济效益的提高。先后被授予煤炭工业高产高效矿井、煤质管理工作标准化矿井等荣誉称号，并实现了连续安全生产 1 808 天、安全产煤 528 万吨。

潘西煤矿在安全质量标准化建设中的主要做法如下：

(1) 强化培训，建设素质过硬的安全技术队伍

建设高产高效矿井，必须有一支素质过硬的技术队伍，为此，潘西煤矿明确提出了“三突出”“三到位”“四落实”“一提高”的职工培训目标。“三突出”：一是突出学习培训重点，即井下单位的职工，实行年度培训，做到不漏岗、不漏人；二是突出岗位职工安全技术应知应会内容，职工按工种岗位干啥学啥；三是突出井下机电工的业务技术培训，解决生产过程中急需人才，培养实用型机电事故处理人员。“三到位”：一是宣传教育到位；二是监督检查到位；三是考核奖惩到位。“四落实”：一是落实学习培训人员；二是落实学习培训内容；三是落实学习培训时间；四是落实责任到人。“一提高”：通过广泛地宣传教育和学习培训，努力提高全矿职工的整体素质。在实际工作中，潘西煤矿以井下安全教育为切入点，突出井下三大规程学习和岗位应知应会知识的学习。通过学习，使职工上标准岗，干标准活，搞好安全生产。2002 年该矿全年完成培复训 20 期，培训人员 1 158 人次，特殊工种全部做到持证上岗，保证了安全生产。

(2) 创新技术管理，夯实安全基础

一是围绕高产高效矿井建设目标，推行创新项目负责制和小型技术改进、合理化建议评审奖励制度，把创新项目量化到人头，将技术创新渗透到生产管理的每一环节，最大限度地发挥了技术创新，降低生产投入，提高了劳动效率，保证了安全生产。

二是加大产、学、研合作力度，解决了一批影响矿井安全的问题。其中，“高难度矿井高产高效关键技术研究”“千米立井排水技术研究与应用”“立井提升能力的研究与实践”“大水矿井复杂排水系统安全经济技术研究”4 项成果通过省科委鉴定；“矿井通风系统优化调整方案研究与实施”“后四采区奥灰水综合治理研究”“锚索加固技术在动压区留巷支护的应用”等 20 余项技术获得集团公司表彰奖励；“千米立井排水技术研究与应用”获煤炭行业十大科技成果奖。

三是围绕提高矿井综合生产能力，加大矿井技术改造力度，充分发挥矿井原有生产设施的作用，优化生产布局，实行合理集中生产，提高了资源的合理开发利用率。推广使用大功率采煤机、输送机、综掘机，减轻了员工劳动强度，提高了工作效率，达到了 A 类双高矿井。采取有力措施，积极筹措资金，加大科技投入，坚持科技项目的专款专用，加快生产设备和生产工艺的改造，优化了矿井生产系统，使之更加适应高产高效矿井的需要。

四是建立技术创新激励和利益驱动机制，对具有中级以上技术职称的工程技术人员要求每年必须有一项以上的科技成果，一年没有成果，给予诫勉，连续两年没有成果，职称降一级聘用，对重大技术创新项目实行抵押金制度，限期完不成的扣罚抵押金，限期完成的予以返还并进行表彰奖励。2002 年，共对 64 项科技项目、320 人进行了表彰奖励。

(3) 加大科技投入，提高双高水平，确保矿井安全生产

安全生产工作是矿井实现高产高效的基础和前提，为此，潘西煤矿加大了科技投入，确保实现矿井的安全生产。

一是以“一通三防”为重点，优化通风网络，安装使用大功率主扇风机，进一步完善防尘系统，新敷设防尘管路 10 300 多米，并建成使用了束管监测系统，完善了 KJ95 监测系统，进一步提高了安全监控水平。

二是继续深化矿井质量标准化建设，积极创建精品工程，推行定置化管理，严格质量监督检查，改善安全环境，质量标准化建设巩固了省级标准。

三是深入开展思想整顿、安全整治、“联责、联保”、安全程度评价等一系列活动，为矿井安全生产营造了良好氛围。

四是加强现场管理，各级管理人员坚持深入现场，深入井下，狠抓安全检查，严格现场交接班、工作面安全质量评估等行之有效管理制度的落实，促进了现场安全管理的制度化、规范化。

五是本着“安全管理科学化、信息化”的原则，积极探索安全管理的新路子，投入 50 余万元，建立了速度为百兆的计算机网络系统，将信息技术融入到矿井安全管理之中，利用网络进行信息快递，为矿上及时了解井下现场情况，更好地组织安全生产活动，提供了第一手资料。

六是安监部门对各类安全信息及时整理、分析、处理，不符合安全生产条件的头、面，坚决挂停止作业牌，并严格落实整改，实现了超前预防。

七是群监部门组织开展了形式多样的安全宣传活动，分班上岗查“三违”，构筑了第二道安全防线。(秦义宝)

28. 资兴唐洞煤炭有限责任公司推行安全生产标准化建立安全机制的做法

资兴唐洞煤炭有限责任公司（以下简称“唐煤公司”）是在原国有唐洞煤矿基础上于2001年3月改制组建而成，现有3家控股企业和1家参股企业，有员工2 000余人；下辖1个工区、3个子公司、3个分公司。公司自组建以来，按照“一年平稳过渡，两年打好基础，三年发展起步”的战略思路，正确处理“安全与生产、安全与效益、安全与发展”的关系，促进安全生产持续稳定发展，连续实现了安全生产，轻伤和二级以下非伤亡事故都有较大幅度的下降，矿井安全质量标准化达到国家二级。

唐煤公司在推行安全质量标准化建设过程中，结合建立安全生产的约束机制、防范机制、监督机制和安全文化教育机制，促进了安全管理水平的提高。

（1）建立安全生产约束机制

2001年3月唐煤公司刚刚重组，面临的最大困难是采掘熟练工少，从外面招来的员工要么是对煤矿工作一点都不懂，要么就是只在小煤窑干过，给安全管理带来了巨大的压力和挑战。唐煤公司在2001年和2002年先后发生4起伤亡事故，除造成巨大的经济损失和社会影响外，还严重影响了公司的形象和员工的士气。面对这种状况，公司领导提出：“搞不好本单位安全工作的管理人员，是不称职的管理人员；抓不好本单位安全工作的领导班子，是不合格的领导班子。”并以此作为考核各级管理人员业绩的一个重要标准。

● 健全制度，落实责任。公司重组后，唐煤公司在传承过去一些行之有效的规章制度的同时，制定了《唐煤公司“三违”处罚条例》，加大对“三违”人员的处罚力度。2002年5月，在一次跑车事故的追查中，主持追查会的管理人员心慈手软，对事故责任人只是轻描淡写地进行了处罚。安全办公会为杜绝类似事故的重复发生，决定对主持追查会的安全副总罚款1 000元，对安监部部长罚款500

元，对八一工区机电副主任罚款500元。为了调动全员保安全的积极性，在全公司真正形成了一种互相监督、互相制约、保证安全的风尚。2005年，唐煤公司在八一工区和公司办公楼设立了两个安全不作为举报箱。举报箱设立的第3天，就收到了3封安全不作为的举报信，公司一一进行了调查处罚。

● 严格绩效，加强奖罚。唐煤公司在实践中不断总结，进一步完善了全员安全风险考核奖励制度。按照公司的规定：工区管理人员以及员工都需要缴纳安全风险抵押保证金，公司坚持“奖就奖得开心、罚就罚得痛心”的重奖重惩政策，让安全生产搞得好的单位和个人“有票子、有面子、有位子”。几年里，公司共发放安全质量奖金达1 000多万元，员工人均获得安全奖4 000多元。通过重奖重惩政策的实施，有效地促进了安全生产。

(2) 建立安全生产防范机制

● 强化安全质量标准化达标。为了确保安全生产，唐煤公司坚持把安全质量标准化作为企业的“生命工程”来抓，制定了《安全质量标准化评分办法》，改过去每旬定期检查为“动态检查、现场评分、动态定格”，坚持安全检查不间断，检查时不通知工区、不通知连队，不搞形式主义，严格按质量标准进行，完全改变了过去每旬停产突击搞质量标准化，应付质量检查的不良现象。现在采掘队的工程质量，做到了检查与不检查一个样。与此同时，公司还在采、掘、机、运、通生产中开展“横比争一流、纵比上台阶、整体创水平”竞赛活动，每月在采掘队开展优良工程评比活动，对获得优良工程的单位给予奖励，推进了质量标准化上台阶。2005年，全公司采掘工程质量合格率达97%，优良率达52.5%。

● 加大安全投入。几年来，唐煤公司不断加大安全资金投入，在资金上保证安全环境的整改和装备的更新。首先是针对地质变化大、地压大的情况，投入近1 000吨工字钢，加强了顶板支护力度；其次是新建了井下数字监测监控系统、安全远程监测与监控系统、远程实时数据采集与通信系统、安全调度管理信息系统、安全管理决策信息支持系统；另外，还对矿灯进行了全面更新，由高科技冷光源矿灯替代了过去那种又重又笨的老式矿灯。高科技冷光源矿灯小巧玲珑、造型雅致，不仅背着舒适，而且更安全，充一次电可使用 20 多个小时，电力耗尽后备用灯还可使用 30 分钟。既减轻了员工的工作负荷，也降低了消耗，更重要的是保证了安全。

(3) 建立安全生产监督机制

几年来，唐煤公司在实施安全管理的过程中，不断完善安全监察管理体系，增强安全管理服务意识，推行了严谨、高效的工作作风。

● 狠抓安全监察队伍建设。公司现已按相关规定配齐了安监员，加强了安全监察人员的业务培训和职业道德教育，每年 9 月在专职安监人员中开展“现场安全监察和瓦斯检查”大比武，调动了安监员钻业务、学技术、抓好安全监察的积极性。同时，完善了安监人员的检查考核制度，对安监员实行分片负责，片区生产安全考核与工资奖金绩效挂钩。

● 严格监督制度。坚持队级管理人员每天下井抓安全，部级管理人员双休日查岗，特殊情况下管理人员现场跟班制度，做到“工人三班倒，班班有领导”。现在区、队级管理人员下井，与员工同生产、同劳动，紧盯在现场；公司领导和部级管理人员也放弃双休日，深入到区、队现场查隐患，抓“三违”；每当遇到大坡度工作面、工作面收尾、初采初放等特殊情况，队、部级管理人员还跟班在现场。4 年来，对查出的安全隐患一次性整改率为 97%，为安全生产筑起了一道道绿色屏障。各级管理人员的工作作风也发生了巨大的转变，出现了“三多三少”新局面，即积极向上，协作配合的多了，敷衍了事的少了；扎实工作，严肃认真的多了，打牌赌博，迟到早退的少了；遵章守纪，真抓实干的多了，下井走马观花的少了。特别是工作效率有了明显的提高，工区、部室对各生产单位的安全投入、安全保护装置、重大隐患的整改及时到位，做到件件有落实，事事有回音。

● 加强隐患的排查整改。4 年来，全公司先后组织各种形式的安全检查活动 460 余次，排查整改隐患 11 584 个，查处“三违”人员 6 172 人次，处理各类事故责任者 92 人次。2004 年第四季度，为迈好第五大步、再创安全生产年，公司安监部 5 名管理人员从 11 月 20 日到 12 月 23 日，天天分三班到各作业场所进行安全巡视和督察，保证了安全年的实现。

● 让安监人员有责任感和荣誉感。4 年来，唐煤公司对安监人员在政治上关心，生活上关爱。每年的“双文明”表彰人员最多的是安监人员，2003 年度评选的 10 名“文明员工标兵”中有 2 人是安监人员，2004 年度表彰的 10 名“文明员工标兵”中又有 3 人是安监人员。2004 年年底，公司专门组织全部安监人员和连队值班队长共 108 人到桂林旅游观光，极大地调动了安监人员和连队值班队长抓安全生产的积极性。

(4) 建立安全文化教育机制

唐煤公司领导认为，只要坚持“安全第一、预防为主”的方针，坚持煤矿质量标准化建设，煤矿的安全生产是可以保证的，伤亡事故是可以减少甚至可以避免的。几年来，唐煤公司不断创新安全文化，使安全理念在学习中“认知”，在工作中“落实”，在检查中“定格”，在交流中“升华”，取得了一定成效。

● 建设安全文化。在日常生产中，唐煤公司通过不断学习、借鉴先进煤炭企业的安全文化建设经验，来确立有唐煤特色的安全文化，时时处处营造“关注安全、关爱生命”的安全氛围。近年来，公司构建了“一片一点三线”的安全文化工程，开展温馨提示，把 200 余条安全理念、安全警示语、安全规程、安全漫画，用不锈钢制成牌板固定到工业广场和井上井下作业场所，将地面各机房、井下各机电硐室的牌板全部更换一新，使安全知识和安全规程渗透到每个生产环节。2005 年，公司办起了安全图片展览室，开展不到 1 个月就已接待参观者 1 000 余人。公司还积极创办了《唐煤安全报》，为员工学习安全法规和安全知识提供了平台。

● 强化安全培训。唐煤公司的安全培训不搞一劳永逸。队长以上管理人员每季度、副队长每月都要参加安全培训，因故不参加安全培训的管理人员要进行补课。公司还针对招收的新员工多、安全知识缺乏及安全技能差的状况，采取了定期和不定期的安全技术培训，特别是对 329 名安监员、放炮员、瓦检员、绞车司机和电工进行了专业培训。在强化安全技术培训的同时，公司大力开展了技术比武活动，对取得优异成绩的员工给予奖励。4 年来，先后有 120 多名员工在技术比武活动中获奖，有 80 多名非持股员工得到与公司签订长期劳动合同的奖励。如今，公司已有 386 名特殊岗位人员持有安全生产 IC 卡，65 名管理人员获得安全生产资格证。

● 寓教于乐。唐煤公司注重把安全教育融入到各项文体活动之中，变生硬说教为寓教于乐。定期组织班前安全知识答题赛，不定期地组织“关注安全、共享团圆”班前安全文艺演出。每年 7 月，公司还组织员工家属代表到井下参观体验生活，并以家属代表名义向公司全体员工家属发出搞好安全生产的公开信，在公司上下掀起一片“关心亲人生活，支持亲人搞好安全生产”的热潮。

几年来，唐煤公司始终坚持“安全生产只有起点，没有终点”这一信念，坚定不移地抓安全生产。公司也从一个破产关闭企业发展成为一个集原煤生产、机修加工、钢材贸易、纯净水加工、酒店旅游于一体的多元化成长型企业。原煤产量、税费上缴、员工人均收入、公司资产总额等，都有非常明显的增长，提前 10 年实现了公司组建初期制定的 15 年发展规划的大部分目标。

29. 铁法煤业（集团）有限责任公司实施安全质量标准化强化安全基础管理的做法

铁法煤业（集团）有限责任公司（以下简称“铁煤集团”）位于

辽宁省北部，成立于1999年10月，其前身是铁法矿务局，始建于1958年，至今已经有50余年开发建设历史。目前集团公司下设48个分（子）公司，生产矿井8个，核定生产能力2 175万吨，2008年原煤产量完成2 184万吨，总资产达到141亿元，有员工6万多人。

在生产经营中，铁煤集团领导带领职工创出了一条符合实际情况的安全综合管理新路子，那就是坚持用科技武装人员和装备，夯实安全质量标准化，强化安全基础管理。

自开展安全质量标准化建设以来，集团公司始终把人力、物力、财力的投入作为一项煤炭成本的正常支出，努力提高装备档次，提高安全质量标准化的科技含量，增强全矿井的整体抗灾能力。1993年以来，用于矿井技术改造的资金达10亿元之多，先后购置了一套日产7 000吨的国产综采设备，以及放顶煤综采设备、大采高综采设备，陆续对矿井的“四大机械”和“五大系统设备”进行更新改造，完善各种安全保护装置。2001年、2002年先后购置了2套德国刨煤机用于薄煤层开采，使标准化又上了台阶，安全生产又有了新的保障。实践证明，这些安全投入已取得了高水平的标准化成果，同时也促进了高产、高效矿井建设。1993年回采工作面单产仅为4.8万吨，到目前回采工作面单产已高达17.7万吨以上。质量标准化建设带来了安全和生产双效益。

公司同时把标准化操作水平的安全技术培训作为安全生产的一项重要基础工作来抓。通过培训，人人持证上岗。上标准岗，干标准活，最大限度地减少了人在生产过程中的不安全行为，消灭各种人为的伤害事故。公司在所属生产矿井建立了职工安全技术培训中心，同时组建了集团公司安全技术培训中心。各矿的安培中心一次可脱产培训200人以上，集团公司安培中心一次可脱产培训800人以上。两级安培中心都有电化教学设施，并配有安全展室和现场实验基地进行辅导教学。

集团公司安全培训中心还设有提升、通风、瓦斯煤尘爆炸、运输等实验室和采掘、斜巷运输实习基地，学员在理论学习后即可进行实验和实际操作，达到理论与实际相结合、融会贯通的效果。培训对象重点为特种作业人员和队长、班组长。公司要求安监局每月都对各培训中心进行抽查，每季按考评办法实行定性和定量考评，兑现奖罚。公司安培中心培训时，安监局不定期地对培训情况进行抽查。学员考试时派人监考，实行闭卷考试和实际操作两项综合打分。

多年来，铁煤集团认真贯彻落实科学发展观，始终坚持科技兴企、人才强企战略，以发展为主题、安全为中心、效益为重点，全面加强企业管理，坚持走依托煤、延伸煤、超越煤的发展之路，加快建设平安铁煤、富裕铁煤、和谐铁煤、绿色铁煤和长久铁煤。近年来，铁煤集团确立了“人企合一，矿区和谐”的发展目标和“平安铁煤、幸福家园”的安全愿景，不断解放思想，转变观念，抢抓机遇，加快发展。

30. 开滦（集团）有限责任公司实施安全质量标准化促进动态管理的做法

开滦（集团）有限责任公司（以下简称“开滦集团公司”）始建于 1878 年，前身是开滦矿务局，1999 年年底改制为开滦（集团）公司，为国有特大型煤炭企业。目前开滦集团公司已经发展成为一个集煤炭生产、多产业并举的大型企业集团，下辖 46 个子（分）公司，拥有能源化工上市公司。2011 年，开滦集团公司名列中国企业 500 强第 91 名，荣获河北省最具影响力企业、最具成长性企业荣誉称号。

开滦集团公司拥有 11 个生产煤矿和 1 个基建矿井，各矿井都具有煤层自燃发火倾向性，各矿煤尘都具有爆炸危险性，并受水害威胁。在开展安全质量标准化工作以来，公司一直用动态达标实行动态管理，取得了显著的效果。

2004 年，开滦集团公司开始进行安全质量标准化达标工作。为了确保达标工作的稳步推进，组织重新修订和完善了《2004 年安全质量标准化管理办法》，从达标等级、检查方法、考核奖惩等方面都有明确规定，并把安全目标和安全质量达标指标细化，落实到单位和班组，实现在施工过程中安全质量标准化的动态达标。

在检查方式上，从 2004 年开始，开滦集团公司改变过去定期检查的方法，实施动态安全督察。公司还实施了安全质量管理重心的下移，推行安全质量管理零缺陷责任目标管理，围绕 4 个百分之百落实，即规程措施百分之百兑现，工程质量百分之百合格，设备设施百分之百完好，安全制度百分之百落实。现场安全质量标准化由基层单位自查自纠，安全管理、业务保安部门组成安全督导检查组，对基层单位安全质量工作进行动态检查，跟踪落实重大安全隐患和质量问题的整改工作。

开滦集团公司建立了集团公司、专业公司和矿业公司三级动态安全质量监控体系，开发了“动态安全监测系统”。利用该系统，可以对所有入井的技安人员反馈的安全质量标准化问题的信息进行综合处理，可以使不同层次的管理人员，按照管理权限及时掌握各个地点和部位的安全隐患问题，并按照责任归属，对问题的处理情况进行公开。各矿业公司推行了安全质量结构工资。对不能按照要求实现安全质量标准化动态达标工作的单位和有关人员，进行考核，达不到考核指标，直接扣除单位或个人的绩效工资，较好地调动了各级技安人员主动落实各自达标工作职责的积极性。

开滦集团公司的管理理念是沟通、精细、透明。

沟通：是管理的前提，也是尊重和平等的体现。管理者要通过与员工心与心的沟通，情与情的交融，来达成共识，协调一致地实现绩效目标。

精细：就是人人有标准，事事有标准，处处有标准，运用程序化、标准化和数据化的手段，通过每班、每道工序严格地对细节加以控制，使组织管理各单元精细、高效、协同和持续运行。

透明：是确保民主与公平的重要措施，是尊重员工、提升员工的有效途径。作为管理者要善于运用民主的方法、公开的手段，调动员工的士气，激发员工的干劲，凝聚员工的力量。

安全理念：生命只有一次，遵章守规是保护神。安全规章制度是用鲜血和生命换来的教训，是对安全客观规律的真实反映。人的生命只有一次，能够有效保护矿工生命的，就是养成遵章守规的良好习惯。

煤矿企业开展安全质量标准化建设的做法与经验评述

煤炭是我国重要的基础能源和工业原料。近年来，在我国总的能源消费结构中，煤炭约占 2/3。我国煤矿大多属于地下开采的井工煤矿，井工煤矿的矿井产量约占总产量的 97%。井工煤矿危险性较高，这主要与井下作业的特殊性有关。煤矿生产所造成的伤害主要有：煤矿瓦斯灾害的伤害、煤（或岩）与瓦斯（或二氧化碳）突出的伤害、煤矿火灾的伤害、煤矿水害的伤害、煤矿顶板事故的伤害、煤矿爆破事故的伤害、煤矿井下触电的伤害、煤矿窒息的伤害、煤矿粉尘的产生及危害等。因此，煤矿特别需要注重安全生产，也特别需要坚持安全生产标准化建设。

(1) 煤矿生产的特点与危害

井工煤矿作业工作场所潮湿、阴暗而且狭窄，地质条件、开采技术复杂，生产环节较多，受水、火、瓦斯、煤尘、顶板等多种自然灾害的威胁，不安全因素多。并且由于煤层赋存不稳定，地质构造复杂多样，还会伴随产生各种各样的地质灾害。例如，具有煤尘爆炸危险的矿井，高瓦斯和煤与瓦斯突出的矿井，具有自然发火危险的矿井，具有水害危险的矿井。某些矿井还有冲击地压、岩爆、矿震和高温危害。

目前，在全国 550 万煤矿员工中，农民工约占半数，主要在井下一线工作。小煤矿从业人员几乎全部为农民工。据统计，在农民工中，文盲与半文盲占7%，小学文化为29%，高中以上仅占13%。因此，农民工的安全理念、操作技能、抵御各种灾害的能力直接影响着煤矿企业的安全、效益和发展。而且许多煤矿员工从事某项工作具有很大的随机性和流动性，不能全面掌握某项工作的专业知识，技术水平很难提高，这就为作业安全和人身安全埋下了隐患。正是因为技术水平不高，对技术操作掌握不够，许多事故的发生，往往是由于农民工自身的"三违"（即违章指挥、违章操作、违反劳动纪律）原因造成的。所以，一旦发生事故，农民工常常既是事故的受害者，又是事故的肇事者。

(2) 煤矿安全质量标准化建设实施过程

20世纪80年代初，煤矿质量标准化工作曾在原山东肥城等矿务局开展，实践表明，对煤矿安全生产起到了十分重要的作用。1986年，原煤炭部决定在全国统配煤矿开展"质量标准化、安全创水平"活动，并且制定了《生产矿井质量标准化标准》。1994年对原标准进行修改，制定了《质量标准化安全创水平标准及考核评级办法》。

随着煤炭工业管理体制的改革，质量标准化工作由国家煤监局负责。2003年，国家煤监局和中国煤炭工业协会联合下发《关于在全国煤矿深入开展安全质量标准化活动的指导意见》，首次提出"安全质量标准化"的概念。2004年，国家煤监局制定《煤矿安全质量标准化标准及考评办法（试行）》，把实现安全目标（百万吨死亡率、死亡人数）纳入安全质量标准化考评范围，实行安全目标"一票否决"制度。实践中，由于各地煤矿自然条件不同，办矿水平差异很大，如统一实行国家标准，难度较大，因此，允许各省（区、市）结合实际制定省级标准，并报国家煤监局备案，形成了省一、二、三级和国家级4个安全质量标准化等级。

经过反复调研，2009年，国家安监总局和国家煤监局下发《关于深入持久开展煤矿安全质量标准化工作的指导意见》和《关于印发国家级安全质量标准化煤矿考核办法（试行）的通知》，进一步对煤矿安全质量标准化的适用范围、内容条件、等级设定、考评方式、定级程序、权限时间以及井工、露天矿各自的申报格式都进行了规范。

(3) 煤矿安全质量标准化建设取得的成效

经过多年来的探索实践，煤矿安全质量标准化的建设取得了一定的成果。截至 2010 年年底，我国有达标煤矿 4 658 处，占煤矿总数的 38.87%。其中，一级安全质量标准化达标煤矿为 926 处，占达标煤矿总数的 19.88%；二级安全质量标准化达标煤矿为 1 442 处，占达标煤矿总数的 30.96%；三级安全质量标准化达标煤矿为 2 290 处，占达标煤矿总数的 49.16%。申报国家级安全质量标准化并通过初审的煤矿有 319 处，比 2009 年增加 77 处。

截至 2010 年年底，在全国 25 个产煤省（区、市）及新疆生产建设兵团中，安全质量标准化达标煤矿占煤矿总数 90%以上的有江苏、重庆、河南、河北、山东 5 省市和新疆生产建设兵团，达标率在 60%～90%的有黑龙江、新疆、北京、内蒙古、福建、安徽 6 个省市区。

2011 年 5 月 3 日，国务院安全生产委员会发布《关于深入开展企业安全生产标准化建设的指导意见》，要求广泛开展以“企业达标升级”为主要内容的安全生产标准化创建活动，着力推进岗位达标、专业达标和企业达标。在实施方法上，《指导意见》要求，将企业安全生产标准化等级规范为一、二、三级。国家有关部门负责组织对安全生产标准化一级企业授牌；二级、三级企业的授牌由省级有关部门组织实施。企业要从组织机构、安全投入、规章制度、教育培训、装备设施、现场管理、隐患排查治理、重大危险源监控、职业健康、应急管理以及事故报告、绩效评定等方面，严格对应评定标准要求，建立完善安全生产标准化建设实施方案，做到隐患排查治理的措施、责任、资金、时限和预案“五到位”。

(4) 标准化建设存在的问题与改进措施

虽然我国煤矿安全质量标准化的建设取得一定成果，但由于小煤矿数量众多，生产工艺落后，装备水平低，技术管理人员匮乏，从业人员素质不高、流动性大等原因，煤矿安全质量标准化建设工作进展不平衡。部分地区煤矿安全质量标准化工作进展缓慢，煤矿达标率低，与其他地区存在明显差距。而且长期以来，煤矿安全质量标准化建设工作主要依靠煤矿自觉开展，国家既无明确的激励约束政策，又无强制性执法依据。部分煤矿企业积极性和主动性不高，不愿投入资金提高煤矿标准化水平，一些小煤矿甚至不搞煤矿安全质量标准化工作。

近年来，国家出台了许多新的规定，对煤矿安全提出了更高的要求，对推动开展安全质量标准化建设的措施主要有：

● 持续推进标准化建设措施。针对目前煤矿安全质量标准化建设中存在的问题，国家煤监局将进一步完善达标标准和考评办法，督促煤矿企业加快标准化建设步伐。

● 完善标准体系。国家煤监局将系统地总结近年来煤矿安全质量标准化建设的工作经验，吸收各地标准制定中的经验做法，以完善现有的标准体系。在制定完善全国统一的一级安全质量标准化考核标准时，将近年来国家对安全生产的新要求（如瓦斯治理、防治水等）纳入标准内容中。同时，由各地结合实际制定实施本地区的二三级标准，形成三级标准体系。

● 完善考评体系。国家煤监局将制定并完善煤矿安全质量标准化考评办法，明确评审机构、评审范围、评审等级等内容。一级安全质量标准化达标工作由国家煤矿安全监察局组织评审机构进行考评，二、三级由省级有关部门组织评审机构进行考评。逐步建立考评公示制度，将安全质量标准化考核评比结果向社会公示，并向银行业、证券业、保险业、担保业等主管部门通报，作为煤矿企业信用评级的重要参考依据。

● 出台激励约束政策。按照国务院《关于进一步加强企业安全生产工作的通知》要求，国家煤监局将鼓励和指导各地出台激励政策，对煤矿安全质量标准化先进单位给予一定的优惠和奖励政策。相应也制定约束政策，将安全质量标准化达标与行政许可挂钩，作为煤矿准入、煤矿年检换证等工作的前置条件，明确新建、改扩建、资源整合煤矿竣工验收时未达标的不予竣工验收，现有生产矿井在规定时间内未达标的，要暂扣生产许可证和安全生产许可证。

● 组织交叉检查。国家煤监局将组织全国煤矿进行安全质量标准化交叉检查，对各地标准化建设、考核评级及执行情况进行全面检查。通过交叉检查，及时发现和总结各地煤矿安全质量标准化工作的成功经验和有效做法以及工作中的不足，相互交流学习，取长补短，共同提高，推进安全质量标准化建设工作广泛深入开展。

（五）其他企业开展安全生产标准化建设的做法与经验

31. 深圳越众（集团）股份有限公司在施工现场积极推进安全生产标准化建设的做法

深圳越众（集团）股份有限公司（以下简称“深圳越众”）前身为中国人民解放军基建工程兵 303 团，在进驻深圳并经过一系列改制后，于 2000 年 12 月 28 日，成功组建深圳市越众（集团）股份有限公司。成立至今，深圳越众已完成了 500 多项重点项目建设，建筑面积逾 800 万平方米，承建的工程项目质量合格率为 100%，优良率在 90%以上，是第一批获得 ISO 9000 认证的深圳企业，也是第一批获得质量、环境及职业健康安全管理体系认证的深圳企业。

近年来，深圳越众在积累以往安全生产管理经验的基础上，结合安全生产管理的各项准则，以具体项目为单位，在施工现场全面开展安全生产标准化、规范化管理工作，从施工前、施工中、施工后 3 个阶段确保工程项目顺利完成。

（1）打好标准化基础，提升安全管理水平

在深圳越众，人员和机构的合理设置是开展施工现场标准化管理的基础保障，而项目的安全管理目标以及具体实施方案的科学制定是落实施工现场标准化管理的第一步，因此在施工前的准备阶段，深圳越众从这两个方面下足工夫。

根据每个施工项目的大小，深圳越众严格按照《建筑施工企业安全生产管理机构设置及专职安全生产管理人员配备办法》文件的要求，设置持证的建筑施工企业主要负责人、项目负责人、专职安全生产管理人员等“三类人员”。

深圳越众根据人员设置的情况在每个施工项目都成立相应的管理机构，项目经理由深圳越众法定代表人授权，是整个建设工程项目管理的总负责人，对项目的安全、质量、进度及经营全权负责。项目经理下面设项目生产副经理（或项目负责人）、项目安全主任、主任工程师，对项目经理负责。其中，项目生产副经理代表项目经理对施工现场的生产进行管理，是现场质量、进度的直接负责人；项目安全主任是项目安全管理的直接责任人，专门负责施工现场安全管理工作，对落实安全生产责任制情况进行监督、控制；主任工程师是项目技术负责人，专门解决施工技术和安全技术上的问题。同时，根据各专项职能的需要设立工程管理科、安全管理科、经营管理科、材料设备科、行政管理科、财务科等部门。其中，安全管理科负责安全管理，而当中的专职安全员作为项目安全管理的执行人专门负责施工现场日常的安全监督管理工作，是监控施工现场安全管理工作落实情况的第一道防线。

项目管理机构成立后，项目经理与项目安全主任、主任工程师一起根据所签订的合同要求以及深圳越众的创优要求，共同制定项目的安全管理目标和具体实施方案。安全管理目标主要包括安全生产目标和文明施工目标。其中，安全生产目标包括工伤事故控制率和作业人员持证上岗率；文明施工目标包括污水、建筑垃圾、噪声、扬尘及土地的利用等方面。项目管理机构对安全管理目标进行分解，落实到相关责任人，并定期进行目标考核，以确保安全生产标准化管理工作顺利进行。明确安全管理目标后，项目管理机构根据安全管理目标编制安全生产文明施工方案、临时用电用水方案、应急预案以及现场重大危险源监控措施等，制定相应的安全生产管理制度，落实各部门、各级人员的职责；制定配套的监督、检查、评定的方式、方法，以对现场进行全面、有效的监督和管理；制定各工种、设备的安全操作规程，在必要部位悬挂安全操作规程牌，指导作业人员安全施工。

在安全生产文明施工方案中，项目管理机构结合《深圳市建设工程现场文明施工管理办法》的要求，对现场宿舍区、办公区、施工区、材料堆放区等区域进行科学规划，保证宿舍区与其他区域明显隔离，确保现场所有人员的作息安全。为改善施工人员的工作、生活环境，深圳越众对安全生产文明施工提出了明确要求：宿舍区和办公区根据现场条件进行适当绿化；施工区进行场地硬化，减少扬尘；设立一个干净、卫生的食堂，食堂必须有卫生许可证，工作人员必须有健康证，并严格执行食品留样制度；设立一个日常急救药物配备齐全的医疗室，并配上至少一名受过专业培训的急救员；设立一个明亮、干净、水龙头数量足够的洗浴室；设立一个有报纸和休闲、学习书籍的阅览室；设立一个能够让施工人员进行休闲娱乐的娱乐室，有条件的项目，适当设立篮球场、乒乓球桌等娱乐设施，以丰富施工人员的日常生活。

为确保对项目的危险源、环境因素进行全面、有效的监控，项目经理组织项目生产副经理、主任工程师、项目安全主任、专职安全员、工程科长、行政科长、经营科长等人员根据项目特点，对施工现场的危险源、重大危险源和环境因素、重要环境因素进行识别，制定应急预案以及现场重大危险源监控措施并落实相关责任人，同时将重大危险源公示牌悬挂在施工现场显著位置，以提示进入施工现场的人员予以重视。

(2) 落实标准化程序，切实消除事故隐患

根据《建筑施工安全检查标准》的要求，深圳越众首先把项目的“五牌一图”[工程概况牌、管理人员名单及监督电话牌、消防保卫（防火责任）牌、安全生产牌、文明施工牌和施工现场平面图]固定在施工现场主要进出口处，接受监督。

针对现场施工的具体情况，项目管理机构及时制定分部分项工程和各工序相应的安全施工方案，方案首先要严格按照审批流程进行审批，经过公司总工程师签字后才可由专人督促现场落实。而对于深基坑、高支撑模板、起重吊装、悬挑式脚手架等，按照《危险性较大的分部分项工程安全管理办法》的要求需要进行专家评审论证的分部分项工程，都经专家评审论证合格后，才按照方案具体贯彻落实。

施工过程中，深圳越众在设施和人员两个方面通过安全监督和管理实现施工现场安全质量标准化，按照《建筑施工安全检查标准》（JGJ 59—2011）的要求，进行“公司—分公司—项目—班组”4 级安全检查，发现问题及时整改，确保安全施工。不同等级采取不同的检查方式，具体来说，就是班组进行每日检查，由专职安全员监督落实；项目进行半月检查，由分公司安全科监督落实；分公司进行月检查，由公司安全管理部监督落实；公司进行季度检查和不定期的抽查，由公司主管生产的副总经理监督落实。

在设施方面，深圳越众力求标准化、定型化，并对设施安全防护进行严格落实，既方便作业人员实施，也确保达到安全施工的要求。如对于脚手架的使用，要严格按照已审批的《脚手架搭设施工方案》进行搭设，控制好脚手架的跨距、步距、剪刀撑、连墙件等重点部位，安全网必须时刻封闭，外脚手架和建筑物之间的距离不得超过 20 mm，并做好 3 层一封闭的工作。对于卸料平台，要严格按照已审批的《卸料平台实施方案》进行装设，预埋件必须使用符合规格的圆钢，空隙必须填实，严禁移动；钢丝绳的大小按照方案选择，其卸荷应满足计算要求；同时要做好载荷标识及安全警示工作。对于规则的临边和洞口，其防护要采取定型化架构的防护形式，如临边采取钢管进行防护，防护栏杆高度不得低于1.2 m，且张挂安全网封闭，同时标识责任人牌和警示牌；对于不规则的临边和洞口，则按照规范要求，根据现场的情况进行搭设。在安全管理的整个过程中，临时用电的架设过程、脚手架的搭拆过程、垂直运输设备的装拆和使用过程、高支撑模板的搭拆过程、深基坑的开挖和支护等都是重点监控的项目。

在人员管理方面，根据广东省建设厅的要求，深圳越众引进“平安卡”管理系统，组织现场作业人员参加“平安卡”安全知识培训，培训合格后发放“平安卡”，施工现场实行刷卡进出工地，保证无闲杂人员进入工地。深圳越众利用施工现场的宣传栏、条幅、安全会议、安全考试等方式，向施工人员宣传、贯彻各种法律法规和标准规范；通过三级安全教育、班组安全教育、专业安全教育、管理人员安全教育及特种作业人员安全教育等方式，对全体员工进行全面、全过程的安全教育，提高全员的安全意识。对于施工人员的安全防护，深圳越众提出具体要求，如进入施工现场必须正确佩戴安全帽，从事登高作业必须系安全带、穿防滑鞋、戴防滑手套，进行电焊作业必须佩戴防护手套、防护眼镜等。专职安全员和现场管理人员进行监督，对违反规定的人员，一经发现，就按照项目部的规定进行严厉处罚，并对其加强教育，屡教不改者，坚决清退。

(3) 提升标准化结果，实现安全生产目标

深圳越众非常重视施工后的全面总结，因为它能为施工现场安全质量标准化管理工作提供宝贵的经验，从而推动施工现场安全质量标准化工作的持续改进。深圳越众要求各项目的安全管理科在施工后对本项目的安全管理工作进行全面总结，尤其要对定型化的安全防护工具的使用进行全面的评价，公司安全管理部根据各分公司安全管理科总结出来的结果对公司的安全质量标准化工作进行全面的评价和调整，重新制定和推广各种标准化安全防护工具的使用，努力将安全质量标准化工作做到安全有效、易于操作、减少成本。如在深圳市深云村经济适用房工程第Ⅴ标段施工结束后，该项目的安全管理科总结出悬挑架与建筑物之间安全防护的具体实施要点；在深圳市信息职业技术学院迁址新建工程第Ⅵ标段施工结束后，该项目的安全管理科总结出钢结构吊装作业及高空钢结构焊接作业安全防护措施的具体实施要点。这些实施要点在公司后来的施工项目中得到广泛应用，在提高施工安全的同时降低了施工成本。

为了使公司安全质量标准化工作进一步落实，努力提升公司的安全生产管理水平，深圳越众下一步将编制符合公司实际情况的定型化、标准化安全防护图集，并根据国家、行业的最新要求对公司的安全管理制度进行全面修改，努力做到合规、可行，全面推进安全质量标准化工作。（余南华）

32. 北京住总集团以安全生产标准化实施“0123”安全管理模式的经验

北京住总集团自 2005 年以来，在安全管理上全面创新，以推行安全生产标准化，促进“0123”安全管理模式的实施，有效地提升了全员的安全管理理念，有力地促进了集团及所属各单位安全生产工作的开展。“0123”安全管理模式的基本内容是：0 代表伤亡事故为零的目标；1 代表各级行政一把手是安全生产第一责任人，即法定代表人是企业安全生产第一责任人，项目经理是施工现场安全生产第一责任人；2 代表双化建设，即安全质量标准化建设，监督保障体系化建设；3 代表“三不伤害”，即不伤害自己，不伤害他人，不被他人伤害。“0123”模式的推出既是集团安全管理理念上的创新与提升，也是集团创新企业安全文化的重要内容。

北京住总集团把安全质量标准化建设与“0123”安全管理模式相结合，将安全管理工作标准化、规范化、精细化贯穿和落实到日常工作中，努力创新企业安全文化，促进企业安全发展，收到了很好的效果。

(1) 实施“双化建设”，全面规范集团施工安全管理

北京住总集团领导认识到，安全质量标准化、监督保障体系化建设是抓好安全管理的核心内容。安全质量标准化包含了安全管理标准化、安全技术装备标准化、安全环境标准化、安全作业标准化等内容，其核心是贯彻落实好各级政府和行业主管部门制定的安全标准与规范，并依此制定和完善企业的规章制度与管理标准。

为使广大员工和每一位施工人员能够学习和掌握各类规范标准，集团组织编制印发了三万余套图文并茂的《“0123”安全管理模式建设》手册，从施工管理的各个方面，用标准与图例相结合的方式，深入浅出、一目了然地让每名员工将安全质量标准化管理深入到脑际之中，同时使广大员工认识到安全质量标准化建设是对安全管理的质的提升。集团在实施安全质量标准化过程中还与创建北京市文明安全工地和集团文明工地相结合，做到树先进典型，推先进做法，创优秀工地，全面提升了集团文明施工的管理水平。2006 年度集团创建的市级文明工地数量已达到在施工地数量的 54.9%。由住总二公司施工的奥运曲棍球场射箭场工程，获得 2006 年度“绿色施工优秀工地”的称号，集团公司也被市建委授予了“2006 年度安全生产优秀单位”称号。

在全面开展安全质量标准化的同时，住总集团还积极探索安全监督保障体系化建设。完善和健全安全体系是实现和落实安全生产责任制的根基所在，也是实现安全质量标准化的重要保障。根据北京市建委的规定，集团和所属企业全部设立安全生产委员会，所有单位全部设立安全监管部门，使安全管理体系得到了强化与健全。此外，集团又根据安全管理的需要，推行工程项目安全经理制度，在重点工程设置项目安全经理岗位，从而改变安全管理工作责任重、权力小、利益少的不平衡现状。目前通过此项制度的实施，已经吸引了一批青年优秀人才加入到安全管理队伍之中，并在岗位上发挥了重要的作用。

在推行监督保障体系化过程中，集团和所属企业不断创新安全监管手段，充分运用现代科技手段，采用计算机视频监控系统对施工现场进行实时监控。一方面有效地提高了安全监管效能，另一方面提升了作业人员的安全意识，促进和规范了作业人员的安全行为。如住总二公司施工的奥运曲棍球场射箭场的工人曾讲："这个工地管得可真严，还天天拿镜头照着你，咱们干活真得规矩点。"近年来集团已经在许多工地采用了这种监控手段，使安全监管手段有了质的提升，并及时完整真实地建立了安全监管图像文档，使安全监管工作更加科学化、现代化。

(2) 开展预防伤亡事故的"三不伤害"活动，关爱员工保安康

"三不伤害"是住总集团"0123"安全管理模式的着眼点和重要内容，既是对所有员工的基本要求，同时也是对安全管理工作的过程要求。然而要真正做到"三不伤害"，确实要下大力气。对此集团和所属各单位都全面强化了全员的安全教育和培训工作，严格落实三级安全教育制度。

在安全教育中，集团公司将《"0123"安全管理模式建设》安全手册发送到每位农民工的手中。2007 年度集团还建立了"农民工夜校"，组织农民工进行安全培训，并统一制定了铜制校牌。集团各工地统一时间、统一挂牌开班。集团领导要求各单位负责人要讲第一课，要讲"大安全"，要将安全意识根植于每一名员工心中，并让每一名员工掌握安全知识与技能，通过不断深化培训与学习，真正保证员工做到安全生产，做到"三不伤害"。

在安全管理工作中根据统计数据显示，企业的伤亡事故 80%以上是由于"三违"造成的。因此，要做到"三不伤害"就要杜绝"三违"现象的发生，要从每一名员工抓起，从每一位管理者抓起，严格规章制度；严格操作规程；严格安全教育培训；严格安全监管，多方面、全方位地对员工负责，同时教育员工要自觉地、认真地对自己负责，对企业负责，对社会负责。只有这样，“三不伤害”才能真正得以实现。

(3) 牢固树立“大安全”理念，创建新型企业安全文化

北京住总集团在创新“0123”管理模式中，提出了“大安全”的管理理念，是将安全管理的外延扩大、内涵加深，并从施工安全、质量安全、消防交通安全、维护社会稳定诸方面着眼全面深化安全管理。“大安全”的管理目标不是某个方面的工作指标，而是全集团生产、经营、建设的各个系统全过程稳定、持续地安全运作，这也是强调综合治理、构建和谐社会的首要前提。在“0123”安全管理模式中，住总集团全面贯彻了“大安全”的理念，将安全管理推向了一个新的高度。同时，“大安全”理念也是创建新型企业安全文化的核心内容，是坚持以人为本的科学价值观的体现。

目前，北京住总集团正在以科学的发展观为统领，进一步深化实施“0123”安全管理模式，创建新型企业安全文化，在集团范围内形成一个全员抓安全、全员重安全的安全发展局面。（于飞）

33. 中国建材股份有限公司推进安全生产标准化建设提升安全管理水平的做法

中国建材股份有限公司（以下简称“中国建材”）是中国建筑材料集团有限公司的核心企业，于2005年3月成立，2006年3月在香港联交所挂牌上市。公司成立以来，通过联合重组的形式快速发展，目前中国建材已经成为世界最大的水泥生产商，亚洲最大的石膏板生产商，中国最大的风力机叶片生产商，世界最大的玻璃纤维生产商和国际领先的玻璃、水泥生产线设计及工程总承包服务供应商。

2011年，中国建材作为全国工贸行业安全生产标准化创建典型企业之一，正式启动安全生产标准化一级企业达标创建工作，目的是通过标准化的整体创建，解决公司当前安全生产面临的一些问题，早日实现生产经营的模式化、规范化和标准化，为公司发展成国际一流建材生产商夯实基础。

中国建材在创建安全生产标准化企业的过程中，根据企业的特点，采取有针对性的措施，积极推进。

(1) 中国建材安全生产管理工作特点

中国建材作为一家大型公司具有自身的特点，这些特点主要是：

● 企业数量多、分布区域广。中国建材的战略目标是成为世界一流的建材生产商，为实现这一目标，公司制定了清晰的发展战略，即以资本运营为动力，以市场化的联合重组为主要成长方式，快速做大做强主营业务。近几年，中国建材在战略区域内快速推进跨地区、跨所有制的大规模联合重组，业务规模发展迅猛，资产规模快速扩大。目前，中国建材总资产已超过 1 700 亿元，拥有企业近 400 家，遍布全国 24 个省、市、自治区，数量之多，分布之广，在国内罕见。

● 企业安全生产管理水平参差不齐。中国建材绝大多数企业是靠联合重组而来的，仅水泥业务联合重组的企业数量就超过 300 家。这些企业中有超过 60%的企业在进入中国建材之前都是民营企业，而且是产能过剩区域内的民营企业。这些企业安全生产管理制度不全，管理水平参差不齐，管理模式多种多样，设施设备类型各异，特别是在以下两方面问题突出：一是在项目建设时期，为了抢工期、省投资，设备场地不完善、不规范，企业软硬件基础较差；二是在生产经营过程中，重利润、轻管理，安全生产管理水平落后。要在这些企业中推进一体化、标准化管理难度巨大。

● 企业生产经营任务重，工作量大。中国建材从 2005 年成立至今，总资产从 130 多亿元增长到现在的 1 700 多亿元，年复合增长率超过了 60%。在保证资产规模快速发展的同时，公司还要完成大量的管理整合和常规经营工作。如从上市至今，公司已进行了 3 次大规模的环保核查工作，对所属各单位的环保工作进行彻底梳理、规范。因此，中国建材要维持目前又快又稳的发展态势，所属企业各级领导和员工的工作任务繁重，压力很大。

(2) 中国建材开展安全生产标准化工作的做法和成效

尽管中国建材实施安全生产标准化工作存在很多先天不足因素和问题，但公司对标准化建设在企业安全发展中的作用有着深刻的认识。公司对标准化建设工作高度重视，高标准、严要求，层层部署，从组织机构、标准化体系、人才队伍建设，内部自查整改和过程管控等多方面扎实推进安全生产标准化创建工作，取得了阶段性成果。

● 成立组织机构。为全面推进水泥企业安全生产标准化工作，中国建材领导亲自挂帅部署工作，成立了由各业务板块主要领导和安全生产工作负责人组成的安全生产标准化达标工作领导小组、安全生产标准化达标工作实施小组及日常工作办公室。同时，按照管理层级，逐级成立标准化达标创建组织机构，由各企业一把手具体负责落实本企业的安全生产标准化工作。

● 建立创建工作体系。为确保创建工作标准、规范，上下一体化，中国建材建立了安全生产标准化达标创建工作体系，并于 2011 年 8 月下发《关于全面开展水泥企业安全生产标准化达标工作的通知》，明确了所属水泥企业 2013 年年底前完成安全生产标准化一级企业达标创建的工作目标，确立了“企业自主创建为主，外部咨询辅导为辅”的工作原则，制定了所属各级企业的目标责任。在此基础上，各企业结合自身实际情况，细化安全生产标准化达标工作计划，明确下一步的工作重点，推动创建工作有序开展。

● 开展宣贯、培训工作。安全生产标准化在建材行业首次推行，为提高公司各级领导和广大员工对安全生产标准化的认识，中国建材一方面对企业中高层管理人员加强宣贯、培训工作，重点对《企业安全生产标准化基本规范》《水泥企业安全生产标准化评审标准》等文件进行解读分析，提高企业管理人员对安全生产标准化制度体系的理解和认识，明确标准化工作的内涵和意义。另一方面对企业一线员工进行集中培训，培养企业自己的标准化评审员，为公司标准化创建及今后的持续运行储备人才。截至2011年年底，中国建材共组织安全生产标准化自评员培训班18场，约540课时，接受培训人员超过1 100多人，这其中包含企业总经理、安全管理人员以及电气、设备、工艺工程师。课程形式包含标准解读、创建指导和生产现场评审模拟。

● 示范引路，逐步推进。针对中国建材安全生产标准化创建时间紧、企业多、任务重的特点，公司将所有企业分为三个批次。第一批由各个业务板块选取具有示范效应的15家企业，通过这15家示范企业率先达标的实践经验，建立标准化模板，然后在其他企业中逐批进行推广，从而最终完成2013年年底总体达标的任务目标。

● 加强过程掌控，促进各方交流。中国建材水泥业务板块企业众多，各单位在标准化达标创建过程中有很多好的想法和做法，公司为所属企业搭建统一的交流平台，鼓励各单位上报标准化创建工作中的“良好实践”，通过电子刊物的形式下发各单位，以达到宣传、交流、共同提高的目的，为公司标准化创建营造浓厚的文化氛围。

(3) 达标创建工作的认识与体会

积极推进安全生产标准化创建工作，是企业落实安全发展观和“以人为本、安全发展”理念的具体体现，是落实企业安全生产主体责任的必经之路，也是规范化提升本质安全水平和安全基础管理水平的一项重要措施和有效途径。在推进安全生产标准化创建工作中，要以安全生产标准化为抓手，构建安全生产的长效机制。达标创建仅仅是安全生产标准化工作的起点。企业在达标之后应建立支撑体系，保障安全生产标准化的正常运行，发挥其持续改进的特点，使得安全生产标准化的管理理念和工作方法真正融入到企业生产经营活动中。

在今后的工作中，中国建材争取早日实现安全生产标准化一级企业的目标。并在此基础上，巩固成果，继续完善，确保安全生产标准化的有效运行，全面提升安全生产管理水平，充分发挥典型企业的示范带头作用，引领建材行业科学、安全、健康发展。

34. 中国航天科工集团公司推进安全生产标准化建设实现事故逐年下降的做法

中国航天科工集团公司（以下简称“航天科工”）是一家国有特大型高科技军工企业，主要从事国防武器装备的研制和生产，有职工 11 万余人，所属生产性企业 140 多家，分布在 20 多个省（区、市），业务涉及机械、电子制造，飞行试验、火工品生产、建筑施工等多个领域，具有涵盖面广、危险性高、安全管理难度大的特点。

航天科工自 2006 年全面开展安全生产标准化达标活动以来，生产安全事故次数和伤亡人数均有大幅下降，特别是 2008 年和 2009 年连续两年实现零死亡，达到了安全生产形势整体平稳、事故逐年下降的目标。航天科工的安全生产标准化达标活动受到了国家安监总局、国资委、国防科工局等上级单位有关领导的高度评价，走在了军工企业的前列。

（1）开展安全生产标准化达标活动的背景

安全生产标准化就是通过建立安全生产责任制，制定安全管理制度和操作规程，排查治理隐患和监控重大危险源，建立预防机制，规范生产行为，使各生产环节符合有关安全生产法律法规和标准规范的要求，人、机、物、环处于良好的生产状态，并持续改进，不断加强企业安全生产规范化建设。

航天科工认真分析面临的安全生产形势和安全生产管理现状，认为要进一步提升安全生产管理水平，应首先抓好“双基”建设，即加强安全生产基础管理建设，重点强化基层安全生产管理。航天科工《“十一五”安全生产专题规划》中明确了安全生产标准化达标活动的目标：“1 年制定标准，组织学习宣贯标准，选择单位试点；2 年扩大试点范围；3 年检查评估，全面推广应用，力争到 2008 年，火工品生产企业、建筑施工企业及大部分其他类型企事业单位达到国家安全生产标准；到2010年前全系统企事业单位都达到国家规定的标准。”

2006年7月，航天科工制定发布了《中国航天科工集团公司安全生产标准化考核评级办法》。该办法明确了安全生产标准化考评标准及内容、考核评分及等级、考评程序、考评机构和人员、考核评分办法等事项。按照该办法的规定，安全生产标准化考核评级结果根据评分分为一级、二级甲、二级乙和三级共4个等级。

航天科工根据对安全生产标准化的认识，组织专家分析了近年来公司内外发生的事故案例和安全生产管理现状，系统辨识和分析了存在的主要危险和有害因素，参照相关的安全生产法律、法规、规章、标准和规范，总结公司近几年安全生产管理的研究成果和成熟经验，设计了航天科工安全生产标准化标准单元和体系。

(2) 创建安全生产标准化达标活动的实施

航天科工下属单位多、地域分布广、安全生产基础参差不齐，若要推广安全生产标准化活动，必须组织宣贯标准、进行试点、摸索经验。2007年航天科工组织了2期专业培训班培训骨干；2008年举办了2期专业培训班和3期标准研讨班；2009年和2010年各举办了1期标准培训班。通过各种形式的培训、研讨，边验收、边学习、边领会，加深了各单位技安人员对标准的认识和理解，为在全系统开展达标活动提供了人力资源保证。同时，为了更好地指导安全生产标准化考核复评工作，航天科工组织专家对企业、火工品研制生产和建筑施工单位三类标准的主要条款编写了解析。

航天科工选择6个具有代表性的安全生产管理重点单位进行首批试点，其中涵盖了火工品研制生产、产品总装、机械制造等企业。2007年11月，在沈阳航天三菱汽车发动机制造有限公司召开达标复评暨现场观摩会，按照航天科工《企业单位安全生产标准化考核评级标准》，进行现场复评和学习观摩。航天科工还在开展达标活动的不同阶段，及时召开会议，总结前一阶段的成绩和不足，指导下一阶段工作。

(3) 严格按照要求开展达标活动

由于军工行业的特殊性和推行安全生产标准化工作的长期性，航天科工委托下属安全评价中心负责航天科工所属企事业单位安全生产标准化业务的指导、咨询、培训、复评验收等工作，这样才能满足每年复评验收 30～60 个单位、每 3 年完成一轮复评的工作量的需要。

在开展试点至全面推广的过程中，航天科工一贯要求认真把关，严格按照以下过程开展达标活动：

● 各企事业单位在整改和自评的基础上提出复评申请。各单位组织专业人员，对照标准对本单位进行全面检查评分，确定本单位自评总得分及相应等级。经过对自评查出的隐患进行整改，经上级主管单位复查同意后，向航科安评中心提出书面复评申请，说明申报等级、单位概况、开展安全生产标准化情况，并附自评表、单位平面布置图、危险作业点图、尘毒作业点图等资料。

● 安评中心组织复评验收。航科安评中心审查申请复评单位的书面材料、确认符合复评条件后，根据申请单位的生产性质、设备设施、规模等选派专家组成复评组进驻申请单位现场复核。现场核查根据被评单位的规模一般需要 2～3 天，分 2～4 个专业小组进行。复评组主要采取“听、查、看、问、总结汇报”的方法评价申请单位安全生产管理现状。抽查结束后，复评组将各种资料和现场抽查结果进行汇总、分析，经复评组成员和申请单位主要负责人分别签字确认后，形成复评报告。在报告中，既肯定申请单位的成绩，又指出存在的问题，并提出整改建议。

● 隐患整改和评级核准。各企事业单位根据复评组给出的隐患整改建议，按规定的时间节点，在举一反三的基础上进行整改，整改完毕后须经上级主管单位复查，在规定的期限内将整改报告报送上级主管单位和航天科工。

航天科工安全生产标准化实行分级核准制。三级由申请复评单位报单位上级主管单位核准；二级由航科安评中心报航天科工核准；一级由航天科工同意后，报中国安全生产协会审核，最后由国家安监总局核准。

(4) 采取落实责任措施，保证年度复评计划完成

为了全面推广达标活动，近三年来，航天科工均将完成安全生产标准化达标活动纳入与各单位主要负责人签订的“安全生产责任书”中，进行重点控制考核。正是采取了这样落实责任的措施，才保证了各年度复评计划的圆满完成。

开展达标活动，各基层单位领导高度重视，采取了下列步骤：

● 成立组织机构。各企事业单位均成立了以主要负责人为组长，各部门负责人为成员的安全生产标准化达标领导小组，全面负责达标工作的组织、领导、推进及所需资源的配置和协调工作；领导小组下设办公室，并结合本单位实际情况成立若干个专业组，具体实施指导督促检查达标工作；各部门直至生产班组都成立实施小组。

● 培训骨干。各企事业单位重点对达标办公室成员、各专业组成员、专兼职技安员及各部门主要负责人进行标准培训，各部门再对班组和作业人员进行培训。有的单位请相关专家来本单位现场培训，咨询指导；有的单位派出人员到已通过复评或基础较好的单位进行观摩学习。

● 动员全员参与。各企事业单位充分利用各种宣传教育方式，广泛宣传开展安全生产标准化达标活动的重大意义，使每位员工都能关心达标工作，结合安全班组建设，规范班组安全生产管理活动和作业人员操作行为，提高全员安全生产意识。

● 完善安全生产规章制度和操作规程。各企事业单位集中清理安全生产责任制和各项安全生产制度、操作规程，按照法律法规和有关标准，结合单位实际，修改不适应的部分并补充完善。

● 对照标准整改，加大隐患整改投入。航天科工要求各单位利用开展达标活动的时机，严格对照标准，彻底清查隐患，并结合安全生产信息化工程建设、工艺安全技术攻关和专项安全技术改造，加大安全生产技改技措的资金投入。在达标过程中，这种对照标准查隐患并整改的工作要反复进行多次，切实提高了本质安全度。

(5) 全面推进安全生产标准化达标活动取得的效果

按照规划，航天科工在 2006—2007 年组织完成了制定颁布标准、学习宣贯标准、试点总结等工作，2008—2010 年在全系统主要生产性企事业单位全面推进安全生产标准化达标活动。取得的效果主要表现在以下几个方面：

● 推进了安全生产双基工作。通过开展安全生产标准化达标活动，促进了各单位安全管理机构的建立和技安管理人员的配备，完善了各项规章制度、操作规程和岗位责任制，加大安全生产检查的力度和频次，加大安全生产投入和隐患整改；通过岗位危险辨识与评价，进一步推动了班组安全建设，促进了一线作业人员安全意识、安全技能、自我保护和应急处理能力的提升。

● 多单位取得安全生产标准化等级。经过严格按规定标准和程序考核，截至 2010 年 6 月底，航天科工已有 110 个单位通过了复评验收，复评结果达到一级的 36 个、二级甲 37 个、二级乙 35 个、三级 2 个。2010 年 2 月，航天科工所属 7 个机械制造企业经中国安全生产协会审核后被国家安监总局核准为国家一级安全生产标准化企业。

● 安全生产形势整体平稳。自安全生产标准化达标活动全面推广以来，航天科工生产安全事故次数和伤亡人数较“十五”期间及“十一五”前期均有大幅下降，特别是 2008 年和 2009 年连续两年实现零死亡，达到了安全生产形势整体平稳、事故逐年下降的目标。(牛东农 吴凯)

35. 西安西电变压器有限责任公司开展安全生产标准化创建促管理水平提升的做法

西安西电变压器有限责任公司（以下简称“西电西变”）隶属于中国西电集团，始建于1958年，是专业从事交直流输变电工程用变压器、电抗器和特种变压器的研发制造企业。

2009年，公司通过安全生产标准化创建工作，完善安全生产责任制、安全操作规程等各种安全规章制度296种；排查整改设备设施和作业现场存在的各种安全隐患3 000多项，涉及设备设施3 093件（套）；新增52台轴流风机通风系统，对焊接厂房进行墙面刷白、玻璃清洁、地面安全通道整修等改造工程；员工的安全意识和素质得到明显提升，三违现象下降了30%，企业的安全生产管理水平显著提高，伤亡事故和职业危害显著减少。同时，通过开展安全生产标准化创建工作，也促进了企业整个管理水平的提升，西电西变工业总产值等各项经营指标近三年来稳居中国西电集团前列。在整个达标创建过程中，公司投入了大量的人力物力财力，仅资金投入就达930万元。虽然各种投入很大，但公司上下一致认为，开展安全生产标准化企业创建工作路子走对了，这笔钱花值了。2010年8月通过国家安监总局的核准，西电西变正式成为国家一级安全生产标准化企业。

为了保持和深化安全生产标准化工作，巩固扩大取得的成果，不断持续改进安全绩效，公司在安全生产标准化一级达标的基础上，将标准化要求与公司的日常安全管理紧密结合起来，初步形成了具有西电西变特色的安全管理持续改进系统。

(1) 坚持开展群众喜闻乐见的安全生产宣传教育活动，不断强化全员安全生产标准化意识

一是加强宣传教育活动。为进一步深化安全生产标准化工作，公司编辑出版了14期名为《安全集结号》的安全月报，这份月报以推进公司安全重点工作、普及安全生产知识、介绍部门安全工作动态为主要内容，采用了新闻、图片、漫画、寓言、谜语等多种职工喜闻乐见的形式，建立起了具有西电西变特色的安全交流平台。组织中层干部、班组长、安技员、青工等共计1 685人次进行安全知识培训，不断提升隐患查找的能力和安全素养。通过培育员工共同认可的安全价值观和安全行为规范，在企业内部营造自我约束、自主管理、相互学习和共同提高的安全文化氛围，不断强化全员安全生产标准化意识。

二是制定相关制度和办法。公司制定了《群众性安全生产持续改进管理办法》《安全奖励基金发放细则》等，对员工提出的安全生产改进项目，评审组按照评审细则严格筛选，每月进行一到两次评审，汇总同时推广优秀改进项目，形成总结例会制度，就改进情况进行点评，提出改进方向。

三是建立奖励机制。公司拿出专项安全奖励基金，每月根据项目的安全绩效分级进行奖励，不断引导和提高员工参与的积极性，半年时间共有“装一车间吊装方法改进”“试验中心增设绝缘梯”“仲维恒数控刀具放置盒”等790个群众性安全生产改进项目通过了评审。共有1 700余人次参加了改进项目，发放了约55万元安全奖励。安全防护装置、安全警示标识大幅增加，部门之间协同解决能力增强，激励机制和协作机制正在形成，小改小革、自力更生、全员参与的风尚正在全面建立。

(2) 坚持实行现场管理星级评定制度，不断细化现场安全标准化要求

一是制定了5S（整理、整顿、清扫、清洁、素养）现场管理系列制度和检查细则。为了保持和提升已经取得的现场管理绩效，从被动管理奖惩结合提升到自主管理持续改进，公司依据安全生产标准化要求从严从细制定了《5S星级单位评定制度》《星级单位验收细则》《红黄牌降级制度》《安全生产标准化专业组综合打分细则》《部门领导班子答辩升星》等一系列管理制度，打造从外延到内涵、从表面到心底、从习惯到文化的全面安全自主管理模式。

二是全面开展5S现场管理竞赛活动。根据西电西变安全生产标准化持续改进要求和总体部署，公司首先在生产作业部门开展了“5S现场管理竞赛”活动。分三个梯队按照标准化作业环境要求，对覆盖部门进行每周检查、评比、通报，不断总结竞赛中闪现的亮点，也在寻找聚焦点。发布《5S现场管理视点报道》，树立了“冲剪车间横剪班”等24个“5S现场管理示范班组”，对重点难点区域采取“重点项目重点整治重点帮扶重点奖励”的方法，有效治理了“装配一车间24米跨作业现场”“线圈车间盘包厂房”等老大难区域的作业现场环境，在不断的PDCA（计划、实施、检查、总结）循环中，生产现场的作业环境发生了巨大改观。同时，公司将5S活动推进到了21个职能管理部门，每两周一次进行检查考核，做到物品摆放整齐有序，定置定位管理规范，体现了良好的企业文化风貌，现场安全标准化得到了不断的细化和升华。

三是深入落实安全生产“高压线”。根据各部门最易引发生产安全事故的重大隐患和突出问题，建立了部门安全生产“高压线”管理，严管重罚。各部门制定了“高处作业必须系安全带”“严禁行车吊物从人员上部通行”“吊截锯必须使用左手操作”等34条安全生产“高压线”，将“高压线”的内容在部门内宣贯，同时制作成安全警示牌，放置在生产作业现场，起到醒目的提示作用。通过每周的部门自检、安技处专项安全检查、在安全质量生产会议上进行通报等，将安全生产“高压线”纳入公司安全生产绩效管理体系。

(3) 坚持促进内审外审相结合，不断深化达标考核针对性

一是为进一步巩固深化安全生产标准化成果，公司坚持标准化机构不撤，专业组人员不散，并且调整、充实了相应人员，将安全生产标准化推进机构转变为标准化持续改进办公室，负责安全生产标准化工作的人员管理、专业检查、项目评审、绩效评价等持续改进工作。各专业组坚持每季度内审一次，评价各部门达标绩效并进行年度总排名。

二是创新考评思路，邀请标准化考评专家定期对公司进行外部审核。分为 4 次共 28 天，深入考评 12 个生产作业场所，设备设施 5 429 台（套），提出了 568 项问题，目前整改率达到了 90%。外部专家丰富的专业知识也全面提高了各专业线人员对标准的理解，营造了比创建标准化企业时还要高的学标准、用标准的氛围，《机械制造企业安全质量标准化工作指南》一书已成为安全工作者放在手边的工具书和工作规范。

三是针对公司自有设备和自制工装，公司还根据标准要求进行了细化和深化，制定了“器身装配架”“绕线机”“煤油气相干燥系统”等安全标准化检查细则。内审和外审的密切结合，不断深化了安全生产标准化在部门中的针对性落实和贯彻，促进了各级安全生产责任制的有效履行，使得安全生产标准化成为日常安全工作的重要抓手。

按照国家有关要求，《西电西变“十二五”安全生产规划》中确定了“一二三五四步走”的安全生产工作目标。2011 年全面改观：完善安全管理制度，提高全员安全意识，提高本质安全程度；2012 年西电一流：彻底改观车间生产作业环境，让员工在舒适惬意的环境中工作；2013 年国内领先：意识上升到“我会安全”，文明生产得到空前发展；2015 年国际一流：安全工作继续登高，成为中国的 ABB、西门子。为此，公司要坚持安全生产标准化工作不动摇，把安全生产标准化与企业日常安全管理更加紧密结合，不断深化，不断创新，持续改进，全面提升，为确保实现公司安全生产目标奠定坚实基础。

36. 烟台港集团有限公司结合自身特点建设安全标准化港口的做法

烟台港是中国环渤海港口群主枢纽港，是中国沿海 25 个重要港口之一。烟台港集团有限公司（以下简称“烟台港集团”）作为综合性大型企业，承担着货物装卸运输、中转换装、船舶代理、外轮理货和机械制修等港口业务。公司共有各类泊位76个，码头岸线总长14 000余米，货场总面积277万平方米，仓库总面积14.6万平方米，铁路专用线26公里，船舶34艘，港口作业机械800余台(套)。

从2006年开始，烟台港集团在国家尚未出台交通（港口）行业标准的情况下，参照机械等其他行业安全生产标准化工作要求，按照“突出重点，分步实施，不断完善”的工作原则，结合港口特点，以“操作、现场和管理”标准化为切入点，制定了《安全生产标准化工作实施方案》，开始全面推进安全生产标准化建设。

烟台港集团推进安全生产标准化建设的主要做法如下：

(1) 操作标准化建设

烟台港集团本着“全面、科学、适用、可操作”的原则，发动职工积极参与，在学习有关安全法律法规、规范和标准的基础上，结合生产作业实践，吸取事故、险情教训，对原有的烟台港集团安全操作规程进行全面修订、补充和完善。烟台港集团按照工种（岗位）、机械设备（工具）、作业3大类别进行全面梳理，共编录600多个操作规程。

烟台港集团采用国家标准通用的编号方法，分为作业前、作业中、作业后和其他应注意安全事项4大部分，明确操作方法、操作步骤、操作注意事项以及应急措施等，规范和指导职工操作。同时，每年对操作规程进行一次修订，出一期修订本，及时增补新设备、新岗位、新货种和新作业工艺等方面的操作规程。

(2) 现场标准化建设

为科学地确定危险要害部位，实现危险要害部位管理标准化，烟台港集团邀请专家，对集团管理人员进行危险源辨识知识培训。在此基础上，集团结合国家有关标准，综合运用直观经验分析法、系统安全分析法等危险因素辨识方法，采用定量和定性分析相结合、专业机构和自身力量相结合的方式，组织各单位全面开展危险要害部位的辨识工作。对辨识出的危险要害部位实行分级（集团公司级、单位级、车间/队级）监控和管理，建立档案，完善应急预案，定期组织演练，提高应急能力。同时，集团积极采用科技含量高、安全性能可靠的新技术、新设备，加大安全科技攻关与成果推广应用力度，提高机械化、自动化、信息化水平，增强设备设施安全可靠性，提升危险要害部位本质安全水平。如在液化品储罐区安装了可燃/有毒气体报警装置和巡检监控系统，确保隐患早发现、早处理。

烟台港集团还根据国家和行业管理规范，研究制定了港区安全警示标志设置标准，实施安全警示标志标准化。标准出台后，各单位全面普查原有安全警示标志的设置情况，对残损、缺少的安全警示标志统一进行更换和补充。2007 年，集团投入 40 万元，新增（替换）警示标志 600 余块。

(3) 管理标准化建设

烟台港集团在推进安全生产标准化工作中，以安全教育培训标准化为抓手，编制了职工安全教育培训教材，开展全员安全教育培训，积极探索安全教育培训新模式。坚持“四个保证”，即培训人员、培训时间、培训教材、培训质量要保证；做到“四个不同”，即不同时期有不同重点，不同工种有不同内容，不同对象有不同方法，不同层次有不同要求；注重“七个结合”，即资质培训与技能培训相结合、集中培训与分散培训相结合、专业机构培训与企业自主培训相结合、学习与考试相结合、课堂教育与实践操作相结合、传统书本教育与现代多媒体技术相结合、理论学习与案例教育相结合；抓好“四新”培训，即采用新工艺、新技术、新材料和使用新设备的培训，做到“上岗前先培训，上岗后再培训，工作中常培训”。

烟台港集团推行安全检查标准化，即集团公司、公司、车间（队）、班组四级安全检查及各职能部门联动的全方位检查模式，坚持领导带队检查与职工自查互查相结合、全面检查与专项（业）检查相结合、检查与整改相结合，做到安全检查经常化、制度化。同时，烟台港集团实行了安全检查表制度，结合单位实际，编制各级、各部门安全检查表，突出重点检查项目和检查要求，提高安全检查的规范化、标准化水平，做到重点部位定期（时）检查，生产过程随时检查。

为完善安全考核体系，烟台港集团公司出台了《烟台港绩效管理考核办法》，修订了烟台港安全考核标准，做到安全考核标准化。集团全面推行安全生产目标管理，每年根据上一年安全生产情况，制定各类事故控制指标，单位、部门层层签订安全生产责任状，指标逐级分解。严格落实安全一票否决，若发生重大安全生产责任事故或突破集团公司下达的年度事故控制指标，责任者、责任单位领导和责任单位不得参与年度各种评优评先活动，责任者（领导）不得升迁。将安全工作列为领导干部政绩和职工工资分配的考核指标，并落实事故责任追究制度；坚持过程和结果考核相结合（过程考核指对日常安全基础工作情况的考核，结果考核指对事故指标情况的考核）。对于有的单位虽然未突破集团公司下达的事故控制指标，但日常安全管理有漏洞，基础工作不到位，也给予处罚，不能参加评优评先。（付兆忠）

37. 山东太阳纸业股份有限公司积极探索不断创新建立安全生产标准化体系的做法

山东太阳纸业股份有限公司（以下简称“太阳纸业”）始建于1982年，现已发展成为集造纸、造林、化工、外贸于一体的全国最大的民营造纸股份制企业和全国最大的高档涂布包装纸板生产企业。公司现有资产总额70多亿元，员工近8 000人。

在安全生产管理工作上，公司始终坚持“安全第一，预防为主，综合治理”的方针，在规模不断扩大、人员逐渐增多的情况下，各类事故得到有效遏制，被山东省政府评为“山东省轻工行业安全管理示范企业”。2005年，公司认真贯彻落实国家安监总局和山东省安监局的要求，不断推进安全生产标准化工作，取得了连续几年“零事故”的好成绩。

太阳纸业推进安全生产标准化工作的主要做法如下：

(1) 建章立制，为实施安全生产标准化提供制度保障

公司根据国家的法律法规和行业技术标准、规范，先后出台36项规章制度，建立了较为完善的安全生产制度体系。各分公司也结合本单位实际情况制定了切实可行的安全生产管理制度，做到按章办事。公司按照安全生产控制指标体系的要求，进一步强化安全责任意识，在落实安全生产责任制中，抓好三个关键环节。一是强化各单位、部门，特别是车间、班组两级领导的责任，明确车间主任、班组长是安全生产第一责任人。凡是发生的各类生产安全事故，首先要追查各级安全生产第一责任人的责任。各单位、部门在制订年度工作目标时，必须把安全指标作为主要经济技术指标来考核；与各级管理干部的工资、奖金或年薪直接挂钩。二是强化各公司部门和本单位职能科室的安全责任。各公司（部门）要与其各职能科室签订年度安全目标责任书，将安全目标进行分解，做到层层落实。三是强化全员安全责任。各单位、部门要明确每个员工在安全生产中的职责、义务和权利，并制定严格的考核办法，把安全责任落实到全员、全方位、全过程，严格奖惩，对发生各类事故的责任单位及责任人进行严肃处理，该撤职的撤职，该罚款的罚款，决不能手软，对安全生产做出贡献的先进单位及先进个人，给予重奖。

(2) 积极探索，不断创新，坚定不移地落实安全生产标准化工作

太阳纸业自2006年通过安全标准化二级达标企业验收以来，始终坚持结合企业实际，深入开展安全生产标准化工作，促进企业本质安全程度不断提高，有效控制伤亡事故。开展这项工作两年来，公司杜绝了锅炉压力容器爆炸事故、重大伤亡事故、重大火灾事故，员工伤害事故为零。

● 严格按照标准开展企业内部安全生产标准化创建工作。多年来，公司一直坚持企业内部安全考核工作，形成了公司安全生产管理的一种系统的标准化的管理模式。依据安全考核标准，发扬“敢碰硬、敢叫真”的工作作风，克服好人主义的不良风气，从企业生产经营过程中的研发、工艺、装备、动力、物流等各个环节进行安全性评价，并进行量化考核，从而规范各个环节的安全管理行为，保证各种危险源和危险因素均处于受控状态。引导全体员工学标准、用标准，形成自我约束、自我改善、从我做起的自觉行为。

● 以安全性标准为载体，开展全方位的安全隐患整改。公司开展安全性评价的目的是通过全方位、全过程的评价，去发现安全隐患，暴露安全管理的薄弱环节，从而采取有效措施“对症下药”，进行隐患整改和管理方法的改进。一是本着安全无小事、隐患无大小的指导思想，对查出的安全隐患和管理上的漏洞或不足进行认真整改与改进，建立和推进隐患整改的验证和评价制度。二是注重隐患整改的技术投入和资金投入，保证隐患整改的有效性，不断提高本质安全程度。三是不断改进安全管理方式，提高职工的安全意识和安全技能，达到减少事故隐患和事故的目的。

（3）探索适合企业特点的安全生产之路，建立岗位标准作业法

● 直面挑战，认真分析现实问题。人是生产力中最活跃的因素，也是引起各类事故的主要因素。管理的疏漏、人为的失误、设备的缺陷，往往是企业发生事故的主要原因，也是安全生产的最大危害，而管理疏漏导致的人为失误，即违章行为又是发生事故的根本原因。通过对行业及公司多年来伤亡事故的统计分析和深入研究，公司发现导致事故发生的原因有三种。一是操作者的日常不规范操作行为难以得到有效控制。二是原有的一些操作规程不够完善，如有的只规定了“不能怎么做”，而没有规定“应该怎么做”。随着工艺、技术的不断更新和环境的不断变化，有些操作规程亦不尽全面，有些该“禁止”的操作没有列入规程。多年来，没有一个标准的操作方法来指导和规范操作人员的行为。三是从业人员的安全意识不够和安全技能不全面。

● 充分调查研究，建立岗位标准作业法。从2006年开始，先后在太阳公司、天章公司开始岗位标准作业法试点工作，然后全面展开。岗位标准作业法的建立是一项技术性、专业性很强的系统工程，需要各类专业技术人员的积极配合，需要操作人员的积极参与。经过不断总结与探索，太阳纸业形成了建立岗位标准作业法的基本步骤和方法，得到了全体员工的配合与支持。

一是“解剖麻雀”，认真分析导致事故的各种因素的关系。依据国家的法律法规、技术标准和规范，结合造纸行业生产的特点，开展危险源辨识、风险评价、工艺分析和现场检查等工作，将可能引发事故的不安全因素加以细化，对动作进行分解，制定出能够满足安全作业的程序、步骤和方法，最大限度地改善作业现场中物的不安全状态，从而达到操作者、设备、物料、现场的合理配置，规避或降低安全风险。

二是制定岗位安全作业指导书，规范人的操作行为。通过综合分析岗位作业的各种因素，按照“四定”原则制定出作业规范。“四定”即定作业区域、定作业路线、定作业位置、定作业动作，将人的操作行为格式化、程序化。

● 认真总结和完善岗位标准作业法，实现人、设备与环境的和谐统一。公司在推行岗位安全标准作业法的过程中，以规范人的操作行为为突破口，逐步实现人、设备、物料、环境合理配置的标准化等工作，按照PDCA（计划、实施、检查、改进）的循环过程，不断完善和持续改进，使之更加完整，更具有科学性与系统性，在提高了劳动生产率的同时，减少了工伤事故的发生概率。

（4）以人为本，培育先进的企业安全文化

加强安全文化建设，营造浓厚的安全文化氛围，也是抓好安全工作的重要一环。公司每年组织两次“百日安全生产竞赛”，通过竞赛活动，形成“你追我赶，勇争先进”的工作氛围。每年组织开展安全征文、“我与安全同行”演讲比赛、“文明平安杯”安全知识竞赛、消防演练等丰富多彩的安全文化活动，不断学习和提高操作技能，实现自我保护意识的提高。

● 寻求合适的安全活动载体，不断提高职工的安全意识。根据国家对安全生产工作的部署及相关政策，结合企业的实际情况和阶段工作重点，充分利用公司的杂志、局域网、橱窗、板报等工具，加强安全生产的宣传工作。一是利用讲座、培训、知识竞赛等活动进行安全法规、标准的学习和普法工作，使全体员工具有遵守法律法规的意识；二是以全国“安全生产月活动”为契机，开展丰富多彩的宣传教育活动，营造安全文化氛围，如安全演讲比赛活动，安全知识竞赛等；三是精心策划和规范生产场所的安全标志、标语和警示牌，创造安全生产的硬件环境，使职工进入厂内和工作场所，抬头举目都能见到安全标识，形成较强的安全生产氛围。

● 把“以人为本，安全第一”的安全文化融入各项工作中。一是公司在各项生产经营中积极实践以人为本的理念。尊重每一个员工，爱护每一个员工是公司人本理念中的重要内容。在安全生产中树立强烈的安全意识和责任意识，真正把“安全第一、预防为主、综合治理”的方针落到实处。二是充分利用企业现有的资源，发挥人、设备和环境的最佳组合优势，提高对安全教育的认识，真正把安全教育摆在重要位置。公司几个主要子公司都有安全教育培训中心，都建立自上而下的安全教育体系，适时开展针对性安全教育培训，经常开展安全警示宣传，帮教纠正“三违”现象，交流安全生产的经验体会，并注重安全教育在形式和内容上丰富多彩，推陈出新，使安全文化具有知识性、趣味性、寓教于乐，真正做到以人为本，时时讲安全、处处闻警钟、时时被提醒、人人事事保安全。三是培养以团队精神为核心的安全价值观，使安全生产意识渗透到企业每个职工的生产、生活的方方面面。培育“预防管理”文化氛围和基本理念。鼓励全体员工主动发现安全隐患，报告安全问题，提出安全建议，防范事故于未然。

38. 北京天海工业有限公司开展安全质量标准化企业创建活动推进管理创新的做法

北京天海工业有限公司（以下简称“天海公司”）是中外合资经营企业，总投资 4 674 万美元，主要从事金属压力容器制造，在全国拥有 6 个专业气瓶生产基地，现有职工 1 200 余人。

2009 年 3 月，天海公司开始国家一级安全质量标准化企业创建活动。2009 年 10 月下旬，专家组对天海公司展开安全质量标准化复评考核。创建安全标准化活动，对天海公司安全生产起到了重要作用，给天海公司的各项工作带来了变化。

(1)“把标准化当作一场‘工业革命’”

走进天海公司，映入人们眼帘的就是干净宽敞的厂区通道，人、车分道线清晰了然，安全警示和指示标识随处可见。天海公司环保技安部部长袁文平说：“在标准化活动开展以前，原材料、在制品等随意堆放，安全管理非常不规范，员工安全意识不高。创建活动开展后，公司实行定置管理，员工安全观念也发生了转变，文明生产。现在厂区通道通畅了，车间地面油污没有了。建厂 40 多年来，目前的作业环境是最好的。”

开展安全质量标准化工作能有效控制企业作业环境中的不安全状态（条件）和职工的不安全行为（动作），从基础上保障企业的生产安全。然而标准化工作的开展在很大程度上要取决于公司一把手的安全理念。天海公司董事长王平生说：“我们要把创建国家一级安全质量标准化企业当作一场‘工业革命’，把关心职工的安全当做‘使命’去对待，把这项工作提高到‘战略’的高度去对待。”

2006 年 7 月，天海公司已开展了一次安全质量标准化自评活动，为创建国家一级安全质量标准化企业进行了一次实战预演。此次自评活动历时半年，在排查、整改隐患等方面积累了经验，并培养了安全专业人员，为公司开展安全质量标准化创建活动奠定了基础。2009 年 3 月，天海公司安全质量标准化活动正式启动，分 5 个阶段进行，即咨询培训阶段、自评整改阶段、预复评阶段、复评阶段、核准阶段。同时，天海公司对内部各部门提出了 6 点要求：一是密切配合；二是成立以部门领导任组长的本单位创建活动工作小组；三是做好宣传教育和动员，做到全员参与，全过程整改；四是对查出的问题，要制定切实可行的整改措施；五是严格考核；六是活动结束后进行总结评比。

2009 年 3 月，天海公司为摸清家底，分基础管理、热工燃爆、电气、机械、作业环境与职业健康 5 个专业组开展安全质量标准化自查、自评活动，共发现各类问题 552 项。2009 年 9 月，天海公司展开预复评工作，由中机安协咨询组专家带领各专业组进行检查，查出问题 165 项。经过多次的咨询、自查自评、预复评，共查出各类问题 1 285 项。

天海公司对查出的 1 285 个问题进行分析研究，将其分成两类：一类是部门级，由各部门工作组组织整改；另一类是公司级，由公司组织各职能部门整改。截至 2009 年 10 月，天海公司共投入资金 532.7 万元，整改问题 1 278 项，整改率为 99.46%。10 月 29 日，天海公司通过中机安协专家组的复评，最后得分 968.13。

(2) 运用标准化推进管理创新

天海公司在创建国家一级安全质量标准化企业过程中，不断更新管理制度、管控手段，在基础管理方面新增了 3 个管理制度，120 个安全操作规程，从而推进了企业安全管理的创新。

为实现动态管理，天海公司在管理制度上积极创新。公司领导讲："由于公司每年都在更新技术、设备、工艺等，安全生产工作不能一成不变，因此要保持制度的适合性和先进性，就要不断修订完善安全生产规章制度、安全操作规程、应急预案等。"如为解决公司存在的各种安全隐患，确保各部门将可能发生的事故或存在的安全隐患当作重中之重的工作去整改，天海公司制定了《安全隐患整改管理制度》，明确了事故隐患的范围包括危及安全生产的不安全因素，可能导致发生事故的生产设施、安全设施隐患，可能造成职业病或职业中毒的劳动环境等。公司还对事故隐患进行评估和分级，评估采取企业自查、主管部门组织专家复查等形式，分级是将隐患区分为班组级、车间级和公司级。天海公司制定了《建设项目安全健康管理制度》，要求企业生产性建设项目（工程）、技术改造项目（工程）和引进建设项目（工程）中的职业安全技术措施必须与主体工程同时设计、同时施工、同时投入生产和使用。还要求在编制年度生产、技术、财务计划的同时，必须编制年度劳动保护专项措施计划。

为狠抓安全责任制的落实，天海公司从管控手段上创新。逐级签订安全生产目标管理责任书，严格规定各部门、各级安全管理目标、职责以及考核办法。天海公司规定，如未完成其中 1 项责任目标的部门，扣年终部门安全奖励的 30%，2 项未完成扣年终部门安全奖励的 60%，3 项未完成免奖。凡是因为没有认真履行安全管理职责而被免职的管理干部 5 年内不得担任同等职务。天海公司通过层层落实责任，层层传递压力，形成了人人关心、上下齐抓共管的良好局面。同时天海公司环保技安部还采用 PDCA（计划、执行、检查、处理）循环管理模式加强日常监管，确保责任制和各项规章制度得到有效落实。

(3) 标准化活动激发了员工的创新意识

天海公司安全质量标准化创建活动开展以来，职工们结合自己的实践，针对存在的安全隐患，自主创新，消灭隐患。

天海公司生产二处抛丸后的装筐工作需要 2 个人配合，一人推一人搬，劳动强度大，配合不好就有被砸伤、烫伤的危险。同时由于瓶子到筐时落差大，发出很强的撞击声，噪声很大。丙班大班长李中华提议制作一台自动装筐设备。2008 年年底，装筐机制作完成。

2009年2月，自制装筐机进入现场调试。调试中先后出现升降机移动不畅、抓料定位不准等问题，员工群策群力，最终实行了机械部分的正常运行。在设备部电工班的配合下完成电控系统后，自制装筐机正式投入了使用。这一创新不仅降低了操作者的劳动强度，消除了安全隐患，还降低了车间的噪音。职工们说："自制装筐机采用了夹瓶机构，操作起来很方便，原来又热又烫又费劲，现在工艺改进后安全简便多了!"

(4) 安全标准化活动完善了防护设施

天海公司开展安全质量标准化活动，不断完善防护设施，提高了设备的本质安全。例如，在实施标准化工作中，针对查出的1 285项问题，进行全方位整改，成效显著，超出了专家组的预想。如在机械方面，天海公司对冲剪压机械、金切机床、炊事机械、砂轮机、其他机械等加装了防护罩、防护网、防护栏，完善了PE线、门机联锁装置和急停按钮。在热工燃爆方面，对不合格气瓶全部进行更换；对锅炉房全部进行改造，加装了蒸汽往复泵；对工业管道进行了着色标识，画出了管道网络图等。同时，天海公司还加强定置管理，改善职工的作业环境。安全质量标准化活动开展后，厂区各种钢料，车间内所有物品都实现了定置管理，过去气瓶乱放，员工不敢靠近，现在为气瓶做了架子，员工都感到安全多了。

天海公司投资17.95万元对大五金库的堆料区地面和道路重新铺混凝土，对150米雨水沟重新改造；厂区主要道路划分道线，对厂区的通道进行了改造，划出人、车分离线。工厂全面实行了定置管理，各种标识清晰，环境不断得到改善，员工深受其益。如自动焊接车间安装了4台单机净化器，刷漆点通风安装了消声器，打磨瓶体外围加装了吸尘防护装置等。公司还对天车驾驶室也安装了空调，夏天不热，冬天不冷，也没了灰尘，天车工孙满新说："不光是我们天车驾驶室里安了空调，连我爱人工作的收口机处，过去烟尘很大，现在也加了除尘装置。标准化让我们全家都受了益。"(吕楠俊)

其他企业开展安全生产标准化建设的做法与经验评述

2011 年 5 月 3 日，国务院安全生产委员会发布《关于深入开展企业安全生产标准化建设的指导意见》，要求广泛开展以“企业达标升级”为主要内容的安全生产标准化创建活动，着力推进岗位达标、专业达标和企业达标。

(1) 开展安全生产标准化的重要性

安全生产标准化是指企业具有健全的安全生产责任制、安全生产规章制度和安全操作规程，各生产环节和相关岗位的安全工作，符合法律、法规规章、规程等规定，达到并保持规定的标准。

开展安全生产标准化工作，是预防事故、夯实安全生产基础的需要。生产安全事故发生的原因，主要集中在企业内部安全管理松弛，违反操作规程和劳动纪律，企业安全生产条件差，设备、设施安全保障能力低，以及生产场所环境不良等方面。因此，企业实施安全生产标准化，可以取得以下显著的效果：

一是安全生产标准化的推行，能够有效地防止人的不安全行为。在安全生产标准化规范的 A 级要素“培训教育”中，明确把管理人员培训教育、从业人员培训教育、新从业人员培训教育、其他人员培训教育、日常安全教育、培训教育管理作为考评内容列入到规范中，通过安全标准化的计划—实施—检查—改进的动态循环管理模式，企业人员的安全生产意识和安全知识技能必将得到提升。根据事故致因理论，企业事故的发生通常是因为人的不安全行为所造成的，从根本上减少或消除人的不安全行为，从而中断事故发生过程中的多米诺骨牌效应，能够最终达到减少事故的目的。

二是安全生产标准化的推行，可以明显减少物的不安全状态。在事故致因理论中，除了人的不安全行为外，物的不安全状态也是事故发生的一个最重要的致因之一。在安全生产标准化规范中，对物的不安全状态的控制与管理也提到了一个相当高的重视程度。在“风险管理”“生产设施”“事故与应急”等 A 级要素中，对企业生产活动中所出现的风险评级与风险控制、生产设施中的关键装置及重点部位、检维修、拆除和报废、应急救援器材等都作出了明确的要求，从而达到规范所要求的管理水平，提高企业的安全管理，减少企业事故的发生。

三是安全生产标准化的推行，同样可以减少环境的不安全因素。安全生产标准化规范中，对“负责人与责任”“法律法规与管理制度”“作业安全”“产品安全与危害告知”“职业危害”等关键要素也作了要求。如对企业的安全机构设置、安全生产投入、安全生产规章制度、警示标志、危害告知、作业场所管理等都作了详细的规定，对于减少环境中的不安全因素、中断事故致因理论中的连锁效应起到了不可或缺的作用。

所以，企业通过推行安全生产标准化工作，建立起自我约束、持续改进的安全生产管理长效机制，有利于增强企业风险管理的能力，提高企业的安全生产管理水平，从根本上防止人的不安全行为、减少物的不安全状态以及环境的不安全因素，从而中断事故致因理论中的多米诺骨牌效应，最终减少或阻止事故的发生。

（2）实施安全生产标准化的切入点

实施企业基层安全管理标准化操作应从哪里切入呢？事故致因理论告诉我们，事故的发生大都是“人、机、环、管”四个方面中的一个或者几个原因综合造成的，即由人的不安全行为、物的不安全状态、管理的缺陷和环境的不良造成。所以只要从这四个方面入手，使人、机、环、管按照标准加以规范，就能最大限度地避免事故发生。

● 人的生产作业行为标准化。主要包括三个方面的内容：一是制定完善的标准化的各种操作规程，并使员工学懂学会，全面系统掌握，灵活方便应用。二是员工要对本岗位的生产工艺，生产设备、设施，工具、用具等按照标准进行全面的危害识别，在危害识别的基础上制定出岗位风险提示卡。通过危害识别，使员工全面掌握本岗位存在的风险及防范风险的措施，且能熟练应用这些防范措施，防止事故发生。三是制定《员工安全手册》，用企业的安全理念、安全价值观等安全文化教育员工，提高员工安全意识；用消防器材使用，员工受伤后的止血、包扎等应急技能教育员工，提高员工应急技能等。

● 物的状态标准化。主要包括两方面的内容：一是硬件标准化。生产区和生活区要严格区分，保持安全距离，安全通道要畅通无阻，同样性质的岗位、工种作业环境要做到同一标准；生产作业现场的各种设备、设施要符合标准要求且完好率达100%，生产作业使用的各种设备、设施的安全防护装置、连锁装置要齐全且符合标准要求，生产中使用的各种工具用具都要归类摆放，方便拿放，使用得心应手，做到人适机、机宜人。二是软件标准化。员工要学习掌握按标准制定的各种规章制度、操作规程；安全提示标志，安全告知标志要针对性强，放置规范，具有较强的警示和告知作用；生产作业场所基础设施要齐全完善、整洁卫生。

● 生产作业环境的标准化。主要包括三方面的内容：第一要按照标准配齐配全必要的照明、取暖、避暑、通风等设备、设施，给员工创造良好舒适的工作环境。二是周围环境无任何污染，大气、水、噪声等符合国家标准。三是要严格按照国家标准给员工配齐劳动防护用品，且要按规范穿戴。

● 安全管理标准化。主要包括五方面的内容：第一要按标准建立健全安全管理组织网络，形成安全工作事事有人管、时时有人抓的格局。第二要建立以安全生产责任制为核心的各项安全生产管理制度，这些制度中最重要的是安全生产责任制和安全生产考核奖罚办法。第三要建立健全基层 HSE 管理体系，主要包括《基层安全生产手册》《基层生产作业指导书》《基层特殊作业审批表》《基层应急预案》等。第四是建立健全安全生产标准化管理的各种保障体系，主要是按照标准要求对各种风险进行评估，进行保险投入等。第五要创建基层安全生产文化，包括安全生产价值观、员工安全生产理念、员工安全生产行为准则等，用安全文化武装员工头脑。

(3) 推进安全生产标准化需要落实到班组

企业每年都发生大量的各种各样的事故，对于企业所发生的事故，目前人们比较一致的认识是：80%的事故发生在班组。在工业场所存在着各种危险，距离危险最近的人员最容易受到伤害，班组是企业生产作业的第一线，距离危险最近，因此发生事故的概率也就最高。因此，从预防各类事故的角度看，开展安全生产标准化，最终需要落实到班组。

班组是企业管理的基层单位，是企业安全管理的最终落脚点，班组安全管理工作的好坏直接影响着企业安全目标的实现。作为生产班组，班组的安全管理重点在生产作业现场。搞好现场安全管理，必须把影响安全生产的主要因素（人、机、料、法、环）有机地结合起来。只有通过高标准、严要求、勤检查等手段搞好班组的现场安全管理，才能确保安全生产。同时在班组贯彻落实作业标准化，是班组安全的保障。所谓作业标准化，就是将现行作业方法的操作程序和动作进行分解，以科学技术、规章制度和实践经验为依据，以安全、质量、效益为目标，对作业过程进行改善，从而形成一种优化作业程序，逐步达到安全、准确、高效、省力的作业效果。班组作业标准化是预防事故、确保安全的基础，它能够有效地控制人的不安全行为，尤其能够控制“三违”现象的产生。这样可以从根本上控制违章作业，特别是习惯性违章作业，保证班组人员上标准岗、干标准活、交标准班，从而制约了侥幸心理和冒险蛮干的不良现象。

三、企业开展安全生产标准化建设问题探讨与解答

开展安全生产标准化工作，是在新形势下加强安全生产基础管理的重要手段和方法。在推进安全生产标准化工作的进程中，需要认识到，安全生产标准化工作的主体是企业、基层和员工。标准和制度制定得再好，没有企业各级人员和岗位员工去落实、去实施，也不能取得好的效果。因此，落实责任至关重要。有的企业把安全生产标准化工作纳入企业安全文化建设中，把开展企业安全生产标准化工作与开展安全文化建设相结合，把安全生产标准化贯穿于企业管理和安全文化建设的全过程中，从而巩固创建安全生产标准化企业的成果。

开展安全生产标准化工作，也是安全生产工作的一项创新，需要人们不断深入探讨、深入研究，需要不断发现和总结不同行业、不同企业的好经验、好做法，需要持续改进，不断推进创新，以适应不断发展变化的形势。在探讨和研究过程中，既要充分利用以往行业、地区、企业开展管理标准化及质量标准化工作的基础，又要努力学习借鉴国内外的先进经验，并根据新的情况、新的变化、新的要求，不断丰富安全生产标准内容，赋予新的内涵，最终建立具有企业特色的安全生产标准化体系。

1. 对开展安全生产标准化建设目的的认识

安全生产标准化建设是以提高企业安全管理水平，建设本质安全型企业为目的，通过安全生产工作的持续改进和自我完善，实现安全生产的长治久安。这是做好非高危行业安全监管工作的最有效手段；是强化和改进安全监管工作的重要举措；是推动企业强化基础管理，落实主体责任的根本途径。

安全生产标准化建设有助于规范和强化政府的安全监管行为。

安全生产标准化要求安全监管部门的监管工作、监管行为法制化、规范化、标准化，有利于安全监管部门强化“依法治安”的观念和意识，使国家有关安全生产的法律法规得到严格的贯彻落实，进一步加强安全监管工作。

安全生产标准化建设有助于提高安全监管工作的实效性。开展安全生产标准化建设，要求安全监管部门不仅要做好制定规划、建立体系、完善标准、开展宣传培训等工作，还要根据标准化创建工作的要求，组织中介机构按照“企业安全生产标准化考核评级标准及办法”，对企业的安全生产标准化符合程度进行评价，使企业各岗位、各环节的安全工作，符合国家有关安全生产法律、法规、规章、规程和标准的要求，保证企业生产处于良好的安全运行状态，从根本上解决企业安全生产工作的基础性问题和深层次矛盾，从而将安全监管工作进一步落实到基层和企业。

近几年，安全生产标准化建设在强化商贸企业的安全监管上取得了实效。以辽宁省为例，经过 2005 年的机械制造企业安全标准化试点，试点企业的安全生产主体责任得到进一步落实，安全生产状况明显改善，本质安全水平全面提升，企业的安全管理走上了自我约束、自我完善、持续改进的良性循环轨道，安全监管工作也取得了明显成效。

安全生产标准化建设所取得的成效主要体现在以下几个方面：

一是建章立制，管理基础进一步强化。如沈阳鼓风机集团有限公司以标准化创建工作为契机，在企业自查、专家咨询的基础上，历时近 2 个月时间，制定安全规章制度 36 个，岗位责任制 53 个，操作规程 164 个。抚顺煤矿安全仪器有限责任公司等企业，依据考评标准建立健全了企业安全生产规章制度，进一步夯实了企业的管理基础，实现了安全管理“有章可循”，企业的安全工作走上了制度化、标准化、规范化的轨道。

二是重视隐患整改，加大安全投入，本质安全水平全面提升。

如沈阳机车车辆有限责任公司、大连机车车辆有限公司，针对查出的隐患，采取公司集中投入和分厂投入相结合的办法，分别投入630万元和800余万元进行整改。大连重工·起重集团有限公司投资650余万元，彻底根治了机械、电气、作业环境等方面排查出的200余项安全隐患，极大地改善了企业设备设施的安全状况和作业环境，企业的本质安全水平进一步提高。

创建安全生产标准化企业，要求企业自觉贯彻执行《安全生产法》等法律、法规、规程及标准对企业安全生产工作的规定，并将这些规定转化为企业的规章、制度、规程、标准和办法，使其在企业的生产经营管理中得到全过程、全方位的贯彻实施，使企业的人、机、环始终保持安全运行状态，从而真正落实企业主体责任，不断加强和改进企业的安全生产工作，提升企业本质安全水平。

安全生产标准化重在基础、基层，重在建章立制、对标达标和持续改进，是企业安全基础工作的拓展、规范和提升。安全生产标准化建设，就是从企业的安全管理基础入手，制定各工种、各岗位的安全操作规范和工作标准，使每个从业人员、每项作业都有章可循，从根本上消除人的不安全行为；就是规范企业安全管理的各个环节，避免管理上的漏洞和隐患；就是进一步加大企业安全投入力度，淘汰危及安全的工艺和设备，提高安全保障能力和本质安全水平。因此，安全生产标准化建设，从根本上解决了企业安全生产的基本素质问题，在更高的层次和更广泛的基础上夯实了企业的安全管理工作，从而长期有效地保障企业的安全生产。

2. 用安全生产标准化提升企业素质

国务院于2010年7月19日，印发的《关于进一步加强企业安全生产工作的通知》(以下简称《通知》)第7条强调："全面开展安全达标。深入开展以岗位达标、专业达标和企业达标为内容的安全生产标准化建设，凡在规定时间内未实现达标的企业要依法暂扣其生产许可证、安全生产许可证，责令停产整顿；对整改逾期未达标的，地方政府要依法予以关闭。”《通知》还要求：“……对当地企业包括中央、省属企业实行严格的安全生产监督检查和管理，组织对企业安全生产状况进行安全生产标准化分级考核评价，评价结果向社会公开……作为企业信用评级的重要参考依据。”《通知》的出台，为开展安全生产标准化工作提供了法律依据，将推行安全生产标准化工作由原来的自愿开展变为“强制”，对全面开展安全生产标准化工作起到了巨大的推动作用。

2010 年 4 月 15 日，国家安监总局颁布了《企业安全生产标准化基本规范》（AQ/T 9006—2010，以下简称《基本规范》）。在此之前，还颁布了《危险化学品从业单位安全标准化通用规范》（AQ 3013—2008，以下简称《通用规范》）。这两个安全生产标准，重点诠释了标准化的要素内涵及其在企业内部的实现方式和途径，规定了危险化学品生产、使用、储存企业及有危险化学品储存设施的经营企业（以下简称“企业”）开展安全标准化的总体原则、过程和要求。2011 年 2 月 14 日，国家安监总局还颁布了《关于进一步加强危险化学品企业安全生产标准化工作的通知》，对全面开展危险化学品企业安全生产标准化工作的宣传和培训，严格标准化达标评审标准和规范达标评审工作，规范和加强评审、咨询活动的监督和指导、提高危险化学品安全监管执法水平等关键环节作出规定。这些，都为推进危险化学品企业安全标准化奠定了基础。

指导和推动企业开展安全生产标准化工作的根本目的，就是全面贯彻落实党和国家安全生产的方针政策，严格遵守和执行国家有关安全生产的法律法规和政策，提高企业安全生产的保障能力，使企业在装备、管理和人员素质三个方面得到全方位提升、减少事故的发生。

危险化学品企业安全生产标准化标准基于安全风险控制理论，针对各类危险化学品企业安全管理的共性特征，规范企业安全生产条件和安全管理行为。其既是企业安全管理的工具，也是安全监管部门开展危险化学品安全监管执法检查的有效手段。

推动危险化学品企业安全生产标准化工作，内容涉及危险化学品企业从业人员、基层安全监管人员、从事危险化学品企业安全生产标准化咨询服务和评审的人员。

国家安监总局分别制定危险化学品企业安全生产标准化一级、二级、三级评审通用标准。三级评审通用标准是将《安全生产法》《危险化学品安全管理条例》《安全生产许可证条例》及其配套部门规章规定的危险化学品生产企业、经营企业安全许可条件，对照《基本规范》和《通用规范》的要求，逐要素细化为达标条件，作为企业评审标准。一级、二级评审通用标准是在下一级评审通用标准的基础上，按照逐级提高危险化学品生产企业、经营企业安全生产条件的要求分别制定。

在开展安全生产标准化工作中，企业和各级安全监管人员应该把着力点放在运用标准化规范企业安全管理和提高安全管理能力上，注重实际效果，严防走过场、走形式。（劳保文）

3. 实施安全生产标准化能够促进企业的活力

企业与企业之间存在着很大的差别，有的企业规模大、人员多，而有的企业则正相反，有的企业工作规范、管理严格，而有的企业也与此相反。就不同的企业而言，有一点是相同的，那就是需要不断地给企业注入活力，增强企业的生命力、创新力，使企业呈现朝气蓬勃、奋发向上的局面，从而在市场竞争中不断发展壮大。

（1）企业的运动和变化是客观存在的事实

企业在发展过程中，不可能是永恒不变的。运动和变化是客观存在的不争事实。这些变化可能来自企业结构的变化，由一个企业变成多个企业组成的集团，由一种产业向多门类的产业发展，由一个厂区变成多厂区，由一个公司派生出多个子公司。

企业的产品生产也是如此。随着企业的不断发展以及产品的调整，产品生产由单一产品向系列产品发展，由一种门类的产品向多门类产品发展，由某种产品转向另一种产品。与此同时，伴随着设施设备、工艺流程、操作方式等发生变化，其安全职责、工作流程也随之发生变化。国家新的职业安全健康相关法律、法规、标准不断颁布导致企业相关制度、标准带来变化。

企业在实际运行过程中，还会不断出现新问题，涉及制度、程序、职责、操作方式的更改而发生的变化；人员的数量、素质、结构、用工方式的变化而导致相应管理方式发生的变化；新项目实施带来的变化等。因而，针对所面临的各种变化，企业需要采用相应的对策，进行适宜的调整和改变，以应对新的变化、新的情况。

(2) 不断开展必要的支持性活动

一种体系是否有生命力，是否有生机，是否有活力，就看是否始终保持永远向上的运动状态。正如人一样，一旦不能活动，生命就会停止。如果一种体系毫无生机，无所作为，其生命也会停止。这就要求企业领导层不断提出和发起一个又一个的改善活动，不断营造浓厚的安全意识氛围，管理者的意志才会逐步深入人心，才能调动广大员工积极参与，才能形成由少数人倡导广大员工参与逐步形成群体行为，这就是安全文化。

依据安全生产标准化的要求，企业在管理标准化、设施设备本质安全化、作业活动的规范化、生产条件安全舒适化等方面，仍然存在着相当大的差距，企业仍有大量工作要做。只有不断发起和开展一个又一个支持性的改善活动，使员工的行为逐渐符合行为准则和养成良好的习惯，物态符合相关的安全标准，企业的职业安全健康才能真正实现和保持最佳状态。这些活动一般都体现在企业的中长远规划中，年度计划和工作目标中，以及相关的管理方案和措施中。

(3) 需要不断地持续改进

企业获得初步的安全生产管理成绩之后，如何使企业安全管理向更高层次迈进，那就是安全文化建设，以形成鲜明的具有自身特点的企业安全文化。成功的安全文化主要取决于两个方面：一是体制（或安全管理模式），由单位的政策和管理活动所决定；二是各级人员应用上述体制并从中获益所持的态度。开展一个又一个的支持性活动实际上是个教化过程，使广大员工在强烈的安全文化氛围中得到熏陶，潜移默化地改变态度，规范自己的行为，逐步养成良好的习惯。

持续改进的思想同样也适用于安全生产标准化。通过周而复始的进行“计划、实施、监测、评审”活动发现问题，提出新一轮的整改方案，不断前进和完善，最终达到预防和控制工伤事故、职业病及其他损失的目标。通过不断地复评以及改进，就体现了持续改进的思想，同样也是验证企业是否保持了已经建立起的职业安全管理体系，帮助企业重新发现新的问题。

4. 安全质量标准化工作是安全管理的创新

近年来，国家安监总局正在全国各地强力推行安全质量标准化工作，这是我国安全管理的一项创新。要做好这项工作，就要从思想上和组织措施上做好以下几个方面的工作：

(1) 正确理解安全质量标准化工作的内涵

开展安全质量标准化工作的目的，是为了企业建立自我约束、持续改进的安全生产长效机制，进一步明确和细化安全生产保证体系和安全生产监督体系的职能和责任，提高两种体系相互配合、有效运转的效率，提高企业本质安全水平，使企业的人、机、环境和谐统一。安全质量标准化的特征在于，一是突出了“预防为主，安全第一”的方针和以人为本的科学发展观；二是强调企业安全生产工作的规范化、制度化、标准化、科学化、法制化；三是体现安全与质量、安全与健康、安全与环境之间的内在联系和统一性，把安全与质量、健康和环境作为一项完整的工作来抓；四是起点更高，标准更严；五是对企业安全基础管理工作的拓展、规范和提升。因此，一定要全面、正确地理解安全质量标准化的内涵，既不能把它片面化、简单化、分割化，也不能扩大化。

(2) 正确认识开展安全质量标准化工作的重大意义

第一，开展安全质量标准化工作，是预防事故、夯实安全生产基础的需要。生产安全事故发生的原因，主要集中在企业内部安全管理松弛，违反操作规程和劳动纪律，企业安全生产条件差，设备、设施安全保障能力低，以及生产场所环境不良等方面。大量的统计分析和研究成果表明，事故的发生有一定的偶然性，也有一定的必然性，每一起伤亡事故的背后都伴随着数十次、数百次甚至上千次的违章操作行为。因此，制定各工种和岗位安全操作规程和作业场所安全质量标准，制定企业安全条件和设备设施安全质量标准，并狠抓贯彻、实施和落实，做到有标（章）可依、有标（章）必依、执标（章）必严、违标（章）必究，规范好从业人员的安全行为，夯实安全管理基础，保障作业场所的安全条件，提高企业的安全保障能力，是从根本上预防生产安全事故的一项重要措施。

第二，开展安全质量标准化工作，是安全专项整治的继续、深化和发展。开展安全质量标准化工作，强化企业的安全生产内功，解决企业深层次的问题，激活企业安全生产管理的内在动力，有利于促进整治深化，提高和巩固整治效果，更有利于建立安全生产的长效机制。安全质量标准化工作，实际上是全体从业人员共同参与、有针对性的企业安全整治、隐患排查、持续改进活动，是一项经常性的内部整治，是长期持久性的工作，是专项整治的深化和发展。

第三，开展安全质量标准化工作是贯彻实施《安全生产法》，落实企业安全生产主体责任的重要举措。安全质量标准化工作要求，生产经营单位将安全生产责任从生产经营单位的法定代表人开始，逐一落实到每个从业人员、每个操作岗位，强调包括安全生产工作在内的企业全部工作的规范化和标准化，强调真正落实企业作为安全生产主体的责任，从而保证企业的安全生产。

第四，开展安全质量标准化工作，是促进安全生产形势稳定，实现长治久安的根本途径。由于开展安全质量标准化工作重在基础、重在基层、重在落实、重在治本；重在开展建标立制、对标达标和持续改进；重在不断进行自我完善及水平提升，因此，它将引导、促进企业在加强基础管理、基层建设和基本功训练的同时，加大安全投入力度，加大安全技术改造与创新力度，加大持续改进和自我完善力度，加大企业淘汰落后生产技术、设备特别是危及安全的落后技术、工艺和装备的力度，提高企业的安全技术水平和生产力的整体发展水平，提高安全保障能力，从根本上解决企业安全生产的根本素质问题，提高企业本质安全水平，从而长期有效地保障企业生产安全。

(3) 扎实推进安全质量标准化的工作要点

● 要加强领导，稳步推进工作。应切实加强对安全质量标准化工作的领导，成立领导小组，建立工作机构；要制定工作方案，提出具体措施；要克服各种困难，大力向前推进；要加强监督检查，搞好微观指导；要及时把握动态，认真解决好存在的各种问题。总之，要通过强有力的领导和精心周密的组织，确保安全质量标准化工作的健康开展。

● 要加强宣传，形成良好氛围。一要利用各种条件，采取各种形式，大力宣传开展安全质量标准化工作的重大意义，不断提高广大干部、职工的认识，增强工作自觉性、主动性、创造性。二要加强培训工作，分级、分层次培训各级安全管理人员和作业人员，使各级人员真正搞清安全质量标准化工作的基本内容、基本要求、基本方法，掌握安全质量标准化工作的相关知识和工作步骤，达到懂得业务、会做工作的目的。三要把安全质量标准化纳入企业科学管理和精神文明建设的总体规划中，在开展企业文化建设的同时，开展好安全文化建设，把安全质量标准化贯穿于企业管理和安全文化建设的全过程中。四要充分利用各类宣传手段，大造声势、舆论，营造人人关心、支持、参与这项工作的良好氛围。

● 要完善标准，建立健全体系。安全质量标准化是安全生产的重要基础性工作，要从标准、目标、责任、控制、考核、信息等环节着手，逐步完善安全质量标准化工作体系。要在深入调研并总结以往规范化安全基础管理工作的基础上，结合实际，修订、制定和完善标准，建立健全体系。

● 要明确职责，全面落实责任。安全质量标准化工作的主体是企业、基层和员工。标准和制度再好，没有企业各级管理人员和岗位员工去实施，也不能取得实效。因此，落实责任至关重要。

● 要以点带面，全面向前推进。在开展安全质量标准化工作过程中，要善于发现和总结不同行业、企业的好经验、好做法，培育先进典型，树立一批安全质量标准化的“样板部门”“样板班组”等。要从组织领导、方案制定、工作规划、规范标准、制度建设等基础环节入手，完善企业内部安全质量标准体系，在典型引路的基础上，采取措施，突出重点，全面推进安全质量标准化工作。

● 要加大投入，实现本质安全。加大安全投入，推进技术进步，这是实现企业本质安全，搞好安全质量标准化工作的重要保障。开展安全质量标准化工作，要依靠科技进步，采取科学的管理方式和手段，采用科技含量较高、安全性能可靠的新技术、新工艺、新设备和新材料，抓好企业安全技术改造工程，淘汰落后的特别是危及安全的工艺技术和设备，大力提高企业机械化、自动化、信息化水平，保证企业的设备、设施始终在安全、良好的运行状态上。

● 要持续改进，不断推进创新。安全质量标准化工作是在新形势下加强安全生产基础管理的重要手段和方法，是安全生产工作的一项创新。在推进安全质量标准化工作进程中，要认真建立专家队伍，依靠中介机构，广泛发动群众，全面做好工作。既要充分利用以往行业、地区、企业开展管理标准化及质量标准化工作的基础，又要努力学习借鉴国外的先进经验，并根据新的情况、新的变化、新的要求，不断丰富安全质量标准化内容，赋予新的内涵，最终建

立具有企业特色的安全质量标准化体系。（吴明波）

5. 开展安全生产标准化意义与经历的三个阶段

2004 年 1 月 9 日，国务院下发《关于进一步加强安全生产工作的决定》（以下简称《决定》），要求把安全质量标准化作为加强安全生产的一项重要基础性工作，在全国所有工矿、商贸、交通运输、建筑施工等企业推广。为贯彻落实《决定》，2004 年原国家安全生产监督管理局下发了《关于开展安全质量标准化活动的指导意见》，煤矿、非煤矿山、危险化学品、烟花爆竹、冶金、机械等行业相继展开了安全质量标准化活动。几年来，安全质量标准化（现为安全生产标准化）活动取得了明显的成效，强化了企业安全生产主体责任，促使了各类企业加强安全生产工作，随着这一活动的逐渐深入，开始进入正轨和快速发展阶段。

（1）开展安全生产标准化的意义

安全生产标准化是全面贯彻我国安全生产法律法规、落实企业主体责任的基本手段，其意义体现在以下 5 个方面：

一是安全生产标准化在传统的质量标准化基础上，根据我国企业生产工艺特点，借鉴国外现代先进安全管理思想，强化风险管理，注重过程控制，并做到持续改进，促进企业安全管理水平的不断提升。

二是安全生产标准化活动重在基础、重在基层。各行业的考核标准在危害分析、风险评估的基础上，对现场设备设施提出了具体的条件，促使企业淘汰落后的生产技术、设备，提高企业本质安全水平和保障能力。如浙江省在采石场考核标准中，将中深孔爆破等作为基本条件，极大改善了采石场的安全条件，伤亡事故持续大幅度下降。

三是通过安全生产标准化创建活动，企业对危险有害因素进行系统的识别、评估，制订相应的防范措施，使隐患排查工作制度化、规范化和常态化；同时通过作业标准化，杜绝违章指挥和违章作业现象，全面降低事故风险，将事故消灭在萌芽状态。

四是安全生产标准化强调过程控制和系统管理，将贯彻国家有关法律法规、标准规程的行为过程及结果定量化或定性化，使安全生产工作处于可控状态，并通过绩效考核、内部评审等方式、方法和手段的结合，形成了有效的安全生产激励约束机制。

五是开展安全生产标准化工作，对于实行安全许可的矿山等行业，可以全面满足安全许可制度的要求，保证安全许可制度的有效实施，最终能够达到强化源头管理的目的；对于冶金、有色、机械等无行政许可的行业，完善了监管手段，在一定程度上解决了监管缺乏手段的问题，提高了监管力度和监管水平。

(2) 安全生产标准化发展经历的三个阶段

安全生产标准化工作的开展，大致经历了三个阶段。

第一阶段是从 1964 年开始。原煤炭部张霖之部长首先提出了“煤矿质量标准化”的概念，重点是要抓好煤矿采掘工程质量。20 世纪 80 年代初期，煤炭行业事故持续上升，为此，原煤炭部于 1986 年在全国煤矿开展“质量标准化、安全创水平”活动，目的是通过质量标准化促进安全生产。此后，有色、建材、电力、黄金等多个行业也相继开展了质量标准化创建活动，提高企业安全生产水平。

第二阶段是从 2003 年 10 月开始。原国家安全生产监督管理局和中国煤炭工业协会在黑龙江省七台河市召开了全国煤矿安全质量标准化现场会，提出了新形势下煤矿安全质量标准化的内容。会后出台的《关于在全国煤矿深入开展安全质量标准化活动的指导意见》，提出了安全质量标准化的概念。

第三阶段是从 2004 年开始。这一年发布的《国务院关于进一步加强安全生产工作的决定》，提出了在全国所有的工矿、商贸、交通、建筑施工等企业普遍开展安全质量标准化活动的要求。原国家安全生产监督管理局印发了《关于开展安全质量标准化活动的指导意见》，煤矿、非煤矿山、危险化学品、烟花爆竹、冶金、机械等行业、领域均开展了安全质量标准化创建工作。随后，除煤炭行业强调了煤矿安全生产状况与质量管理相结合外，其他多数行业逐步弱化了质量的内容，提出了安全生产标准化的概念。

(3) 继续推进安全生产标准化工作的重点

为了持续推进安全生产标准化工作，国家安监总局组织力量，制定了煤矿、金属非金属矿山、危险化学品、烟花爆竹、冶金、机械等行业的考核标准和考评办法，初步形成了覆盖主要行业的安全生产标准化考核标准和评分办法。为了提高企业开展安全生产标准化工作的积极性，各地在推进安全生产标准化过程中，摸索出了一些行之有效的经验和办法，一些地区还出台了有利于推动安全生产标准化发展的奖惩规定。如取得安全生产标准化证书的企业在安全生产许可证有效期届满时，可以不再进行安全评价，直接办理延期手续；在安全生产责任保险中，其存保额可按下限缴纳；在安全生产评优、奖励、政策扶持等方面优先考虑。

继续推进安全生产标准化工作，应着重从四个方面入手，把安全生产标准化工作做好。

● 统一规范管理。根据国家安监总局领导要求，2010 年出台《安全生产标准化通用规范》，明确安全生产标准化的总体原则、管理模式和要求。加强对安全生产标准化工作的统一组织领导，做好不同行业、领域安全生产标准化的协调工作，研究制订安全生产标准化的整体工作方案，统一等级设置、评审程序、公告发牌等要求；制订安全生产标准化的通用规范，完善与之配套的行业考核标准和考评办法，形成一套完整的标准化工作文件，健康、有序地推进安全生产标准化工作。

● 加快相关配套措施出台。充分利用政策措施和经济杠杆的推动力和拉动力，把安全生产标准化与行政许可、监管监察执法、评优评先、保险费率等有机结合起来，制定相应的优惠激励政策，调动企业开展创建工作的积极性，推动安全生产标准化的广泛实施。

如安全生产许可证到期时，处于安全生产标准化达标有效期内的企业，可以取消安全评价、现场审查等条件；安全生产标准化等级与风险抵押金缴纳、工伤保险费率、安全生产责任险费率、融资贷款等挂钩；把安全生产标准化工作作为表彰奖励的条件，在目标考核中增加安全生产标准化落实情况的内容；对达标企业进行行政处罚时取下限，对未达标企业处罚取上限等。

● 加强舆论宣传力度。充分利用各种条件，采取各种形式，加大安全生产标准化工作宣传力度，同时大力宣传各地的典型经验，不断提高社会各方面对安全生产标准化重要性的认识，实现从“要我达标”到“我要达标”的转变。

● 对各地标准化工作进行量化考核。国家安监总局将对各地安全生产标准化工作进行全面部署，加大工作力度，从而扩大安全生产标准化的工作面和影响力，增加标准化企业的数量，同时提高标准化的质量和水平。(罗音宇)

6. 实施《企业安全生产标准化基本规范》相关问题讲解

2010 年 4 月 15 日，国家安监总局发布了《企业安全生产标准化基本规范》（AQ/T 9006—2010，以下简称《基本规范》），自 2010 年 6 月 1 日起实施。国家安监总局副局长孙华山，就实施《基本规范》相关问题进行了讲解。

(1) 制定和实施《基本规范》的目的

2004 年，国务院印发了《关于进一步加强安全生产工作的决定》（国发［2004］2 号）（以下简称《决定》），要求在全国所有工矿商贸、交通运输、建筑施工等企业普遍开展安全生产标准化活动。为了贯彻落实国务院《决定》，近年来，国家安监总局也下发了相关指导文件，并陆续在煤矿、金属非金属矿山、危险化学品、烟花爆竹、冶金、机械等行业开展了安全生产标准化创建活动，有效地提升了企业的安全生产管理水平。

为进一步落实企业安全生产的主体责任，全面推进企业安全生产标准化工作，深入贯彻落实国家关于安全生产的方针政策和法律法规，有必要制定规范企业安全生产工作的基本规定，使企业的安全生产工作有据可依、有章可循。而且，对各行业已经开展的安全生产标准化工作，在形式要求、基本内容、考评办法等方面也需要作出相对一致的规定，以进一步规范各项工作的开展。同时，为调动企业开展安全生产标准化工作的积极性和主动性，结合企业安全生产工作的共性特点，制定可操作性较强的安全生产工作规范，并以行业标准的形式予以发布，也非常必要。

(2) 发布实施《基本规范》的重要意义

《基本规范》的重要意义主要体现在以下几个方面：

一是有利于进一步规范企业的安全生产工作。《基本规范》涉及企业安全生产工作的方方面面，提出的要求明确、具体，较好地解决了企业安全生产工作干什么和怎么干的问题，能够更好地引导企业落实安全生产责任，做好安全生产工作。

二是有利于进一步维护从业人员的合法权益。安全生产工作的最终目的是为了保护人民群众的生命财产安全，《基本规范》的各项规定，尤其是关于教育培训和职业健康的规定，可以更好地保障从业人员安全生产方面的合法权益。

三是有利于进一步促进安全生产法律法规的贯彻落实。安全生产法律法规对安全生产工作提出了原则要求，设定了各项法律制度。《基本规范》是对这些相关法律制度内容的具体化和系统化，并通过运行使之成为企业的生产行为规范，从而更好地促进安全生产法律法规的贯彻落实。

(3)《基本规范》对“安全生产标准化”的定义

“安全生产标准化”是指通过建立安全生产责任制，制定安全管理制度和操作规程，排查治理隐患和监控重大危险源，建立预防机制，规范生产行为，使各生产环节符合有关安全生产法律法规和标准规范的要求，人、机、物、环处于良好的生产状态，并持续改进，不断加强企业安全生产规范化建设。这一定义涵盖了企业安全生产工作的全局，是企业开展安全生产工作的基本要求和衡量尺度，也是企业加强安全管理的重要方法和手段。而《标准化法》中所指的“标准化”，主要是通过制定、实施国家和行业等标准，来规范各种生产行为，以获得最佳生产秩序和社会效益的过程，两者有所不同。

(4)《基本规范》的内容和特点

《基本规范》共分为范围、规范性引用文件、术语和定义、一般要求、核心要求等五章。在核心要求这一章，对企业安全生产工作的组织机构、安全投入、安全管理制度、人员教育培训、设备设施运行管理、作业安全管理、隐患排查和治理、重大危险源监控、职业健康、应急救援、事故的报告和调查处理、绩效评定和持续改进等方面的内容作了具体规定。

《基本规范》的特点主要体现在以下 3 个方面：

一是采用了国际通用的计划（P——Plan）、实施（D——Do）、检查（C——Check）、改进（A——Act）动态循环的 PDCA 现代安全管理模式。通过企业自我检查、自我纠正、自我完善这一动态循环的管理模式，能够更好地促进企业安全绩效的持续改进和安全生产长效机制的建立。

二是对各行业、各领域具有广泛适用性。《基本规范》总结归纳了煤矿、危险化学品、金属非金属矿山、烟花爆竹、冶金、机械等已经颁布的行业安全生产标准化标准中的共性内容，提出了企业安全生产管理的共性基本要求，既适应各行业安全生产工作的开展，又避免了自成体系的局面。

三是体现了企业主体责任与外部监督相结合的思想。《基本规范》要求企业对安全生产标准化工作进行自主评定，自主评定后申请外部评审定级，并由安全生产监督管理部门对评审定级进行监督。

总之，要通过贯彻落实《基本规范》，加强企业安全生产规范化建设，提高企业安全生产管理水平，进一步促进全国安全生产形势的稳定好转。

7. 在建筑施工领域推进安全质量标准化建设

2009 年 11 月 13 日，住房和城乡建设部在浙江宁波组织召开全国建筑施工安全质量标准化现场会，会议总结推广了各地开展建筑施工安全质量标准化好的做法和经验。据统计，截至 2009 年年底，全国共创建省级建筑施工安全质量标准化示范工地 2.4 万多个，建筑施工安全质量标准化工作既提高了各地住房城乡建设主管部门的安全监管水平，也推动了建筑施工企业安全生产的发展。同时，近几年不断完善的安全生产法规制度建设和强化安全生产监督检查力度，也有力地促进了全国建筑安全生产形势的持续稳定好转，全国房屋建筑与市政工程施工安全事故起数、死亡人数等都大幅下降。

（1）提出安全质量标准化建设的目标

住房和城乡建设部提出建筑施工安全质量标准化工作开展的目标是：通过在建筑施工企业及其施工现场推行标准化管理，实现企业市场行为的规范化、安全管理流程的程序化、场容场貌的秩序化和施工现场安全防护的标准化，促进企业建立运转有效的自我保障体系。

实施安全质量标准化建设，住房和城乡建设部要求各级住房城乡建设主管部门以对企业和施工现场的综合评价为基本手段，规范企业安全生产行为，落实企业安全主体责任，统筹规划、分步实施、树立典型、以点带面，全面实现建筑施工企业及施工现场的安全生产工作标准化。建筑施工企业的安全质量标准化建设按照《施工企业安全生产评价标准》（JGJ/T 77—2003）及有关规定进行评定，建筑施工企业的施工现场按照《建筑施工安全检查标准》（JGJ 59—1999）及有关规定进行评定。

安全质量标准化建设的目标实施分为 2006—2008 年和 2009—2010 年两个阶段。即到 2008 年年底，建筑施工企业的安全生产工作全部达到“基本合格”，特、一级企业的“合格”率达到 100%，二级企业的“合格”率达到70%以上，三级企业及其他施工企业的“合格”率达到50%以上；而建筑施工企业的施工现场全部达到“合格”，特级企业施工现场的“优良”率达到90%，一级企业施工现场的“优良”率达到70%，二级企业施工现场的“优良”率达到50%，三级企业及其他各类企业施工现场的“优良”率达到30%。到2010年年底，建筑施工企业的“合格”率达到100%；特、一级企业施工现场的“优良”率达到100%；二级企业施工现场的“优良”率达到80%；三级企业及其他施工企业施工现场的“优良”率达到60%。

(2) 推动安全质量标准化建设的5项措施

全国各地建筑施工安全质量标准化的有序开展，依靠的是各地住房城乡建设主管部门的重视、相关制度的完善、工作考核的加强、科技投入的加大和安全培训教育的投入。

● 榜样引路，部门联合。在住房和城乡建设部的要求下，各地住房城乡建设主管部门成立了由主管安全生产的领导任组长，各专业职能部门为成员的安全质量标准化工作领导小组。同时，各地区加大安全质量标准化工作的宣传力度。2005年8月，住房和城乡建设部在青岛组织召开建筑施工安全质量标准化管理现场会后，许多地区都组织建筑安全管理人员到青岛学习观摩安全管理的先进经验，为推广建筑安全质量标准化工作提供了样板。

● 细化技术标准，完善保障制度。在安全质量标准化建设过程中，各地住房城乡建设主管部门结合实际，制定相关的政策措施，为标准化工作的开展提供法规及制度保障。如浙江省为更好地开展标准化工作，制定《建筑施工安全检查标准的实施意见》，从安全管理、文明施工、各类脚手架、模板工程、三宝四口、施工用电、物料提升机、外用电梯、塔吊、施工机具等涉及施工安全的主要环节作出详细的技术要求和检查规定，把《建筑施工安全检查标准》中的具体规定进行细化和量化，并作为全省建筑施工安全质量标准化工地检查评审的依据，确保安全质量标准化工作落到实处。中国化学工程集团公司从本企业的安全生产实际出发，制定了企业内部的安全质量标准化管理制度，形成了比较完善的安全生产管理保障体系，为企业开展安全质量标准化工作，提供了制度保障。

● 考核全程覆盖，打造样板工地。各地在推进建筑施工安全质量标准化工作中，通过加强考核，提高了企业做好这项工作的主动性和积极性。一是严格考核。陕西省结合本地开展创建文明工地和安全达标工地的经验，建立了严格的考核制度，对考核不合格的企业除了通报批评外，并将其所施工的工地列入重点监管范围。二是考核覆盖全过程。上海市在开展的建筑施工安全质量标准化达标工地评选中，针对建筑行业特点，从工程发包到施工过程都有明确要求。如在工程发包阶段，招标人应在招标文件中要求投标人做出创建标准化工地的承诺，并将其作为评标条件之一。未按要求编制的招标文件，招标监管部门不予备案；在办理工程质量安全监督手续时，要求建设单位提交该工程创建质量标准化工地的工作方案，否则不予审查。三是发挥典型引路的作用。黑龙江省选择一些安全生产管理基础工作好的工地，严格按照建筑施工安全质量标准化示范工地的要求，打造成样板工地，并及时召开由建设主管部门、施工企业、监理企业相关人员参加的标准化工地现场观摩会。通过样板先行、典型示范，全省逐步扩展安全质量标准化工地的范围，有力地推动了全省建筑施工安全质量标准化工作的开展。

● 加大科技投入，提高监管效能。各地住房城乡建设主管部门在推进建筑安全质量标准化工作中，注重加大科技投入，有力地促进了建筑施工现场安全管理水平的提高。例如，北京市鼓励建筑施工企业积极采用工具化、定型化、装配化、标准化的安全防护设施，如工具式电梯井安全防护门、标准配电箱、具有企业特色的工地大门、标识标牌和安全通道等，不仅美观，而且便于安装，利于管理，还可以重复使用，避免了材料的浪费。再如青岛市住房城乡建设主管部门结合本地实际，开发了建筑施工现场远程监控系统，该系统可同时对多个施工现场进行全过程、全方位的实时监控，可实现与施工现场的直接对话，及时发现施工现场存在问题，有针对性地进行指导和管理，持续改进现场管理。通过这一系统实现了监管方式的跨越，有效地解决了监管人员不足的问题，形成了施工现场、施工企业、主管部门三位一体、高度联动、实时监控的有效管理体系。

● 注重教育培训，提高人员素质。各地住房城乡建设主管部门在推进建筑安全质量标准化工作中，通过加强安全教育培训，增强从业人员安全生产意识，提高了现场作业人员的安全生产技能，为建筑施工安全生产稳定好转奠定了坚实的基础。例如，中国建筑股份有限公司制作了高处坠落、物体打击、机械伤害等 8 个方面的影像教材。在施工人员进场三级安全教育中，通过观看安全教育片，很直观地提醒教育施工人员在施工中应注意的安全事项和要避免的不安全行为，以及发生事故的严重后果等。这种安全培训教育方式的直观化、影像化、趣味化、知识化，效果十分明显，工人们普遍乐于接受，达到了开展安全教育培训的预期目的。

(3) 4 项重点深化安全质量标准化建设

住房和城乡建设部针对在安全质量标准化建设过程中存在的问题，结合大庆油田优秀的安全管理经验，对各地下一步的安全质量标准化工作提出了以下要求。

● 加强建筑施工企业安全文化建设。在推进标准化建设过程中，住房和城乡建设部要求各地住房城乡建设主管部门要指导企业建立符合实际情况的安全文化，培养企业职工在安全生产工作中的爱岗敬业精神，通过各种安全教育培训和其他措施，把法规要求、技术规范、操作规程、纪律约束、岗位安全责任等融入到岗位生产活动的全过程，使各项安全生产管理制度固化于制，企业的安全理念、安全价值观固化于心，安全生产基本设施、安全生产基本条件固化于形。

● 将人性关怀融入到安全管理工作中。住房和城乡建设部要求各地住房城乡建设主管部门要督促企业坚持“以人为本”的原则，不仅要切实改善建筑工人特别是农民工的施工作业环境和生活条件，还要高度关注建筑工人特别是农民工的身体健康和心理健康，要为建筑工人特别是农民工提供更全面的安全生产保障和安全生产技能培训，切实提高建筑工人特别是农民工的安全生产自觉意识和安全生产技能。

●指导督促建筑企业建立规范和标准。住房和城乡建设部要求各地住房和城乡建设主管部门要带动全省建筑施工安全质量标准化工作的开展，鼓励建筑施工安全质量标准化工作中的先进企业，激励各地继续做好安全质量标准化工作。

● 鼓励倡导企业实行精细化、严密化管理。住房和城乡建设部要求各地住房城乡建设主管部门要引导建筑施工企业开展精细化、严密化的管理，使企业针对安全生产活动中的每一种行为、每一个操作、每一句话建立规范和标准，并指导每个员工都严格遵守这种规范，从而使企业的基础运作更加规范化和标准化。要求企业安全管理工作的运作有规定流程，有计划、审核、执行和回顾的过程，每一个过程、每一个操作都必须确认安全无误后才能进入下一过程，杜绝管理漏洞，使企业形成自上而下的积极引导和自下而上的自觉响应相结合的常态式安全管理模式。（王婷婷）